现代糯高粱
绿色生产技术

高广金　江良才 王艳秋 杨艳斌◎主编

长江出版传媒 湖北科学技术出版社

图书在版编目（CIP）数据

现代糯高粱绿色生产技术 / 高广金等主编 . —武汉：湖北
科学技术出版社，2024.5
　　ISBN 978-7-5706-3272-5

　　Ⅰ . ①现… 　Ⅱ . ①高… 　Ⅲ . ①高粱－栽培技术－
无污染技术 　Ⅳ . ① S514

　　中国国家版本馆 CIP 数据核字（2024）第 099132 号

策划编辑：赵襄玲　王小芳　　　　　　　　　　责任校对：陈横宇
责任编辑：王小芳　袁瑞旌　　　　　　　　　　封面设计：曾雅明

出版发行：湖北科学技术出版社
地　　址：武汉市雄楚大街 268 号（湖北出版文化城 B 座 13—14 层）
电　　话：027-87679468　　　　　　　　　　　邮　　编：430070

印　　刷：武汉中科兴业印务有限公司　　　　　　邮　　编：430071

710×1000　　　　1/16　　　　　　　　　15.75 印张　　　　350 千字
2024 年 5 月第 1 版　　　　　　　　　　　　2024 年 5 月第 1 次印刷
定　　价：60.00 元

（本书如有印装问题，可找本社市场部更换）

《现代糯高粱绿色生产技术》
编　委　会

主　　编：高广金　江良才　王艳秋　杨艳斌

副主编：张　硕　王文建　闫仁凯　陈　刚　张　强

参编人员：（按姓氏笔画排序）

丁国祥　马　恒　马成新　王业红　尹　鑫

石国洋　龙守勋　卢殿友　史明会　皮　婷

成学敏　朱　浩　刘兴乐　刘志雄　刘贤中

刘迪权　孙　琛　李　军　李　玲　李求文

李雄才　杨俊杰　杨道忠　肖　翔　肖本木

肖江蓉　何德志　谷　勇　张　莉　张世宏

张德春　陈　钢　陈　亮　陈　斌　陈　磊

陈银平　范荣盛　易　青　周　茜　周　雄

周立军　郑传刚　柳青山　钟育海　徐延浩

郭光理　涂　升　鲁茂祥　蔡　明　谭艳红

熊　飞　潘锦海　戴志刚

内 容 简 介

本书内容分为 9 章,第一章是高粱产业发展概况,第二章是糯高粱种质资源与品种选育,第三章是糯高粱的植物学特征与生长发育,第四章是糯高粱生态区划与品种选用,第五章是糯高粱绿色生产技术,第六章是糯高粱特殊栽培技术,第七章是糯高粱病虫草害防控技术,第八章是糯高粱品质及检测,第九章是糯高粱产业的发展。书中图文并茂,语言简明,通俗易懂,可供从事农业生产管理人员、技术推广人员、科研院所研究人员、新型农业经营主体以及酿酒企业的科技人员参考应用。

前　　言

　　高粱是世界上最古老的禾谷类作物之一，由野生高粱在自然和人工选择下进化而来。考古发现证实人类食用高粱的历史已有8000年左右。非洲是野生高粱和栽培高粱的最大变异中心，栽培高粱已有5000多年的历史。

　　经多地考古发掘、利用现代分子生物学研究发现，我国高粱的栽培历史已有3000多年。高粱由印度传入我国的云南，经四川到中原，后逐渐传播到全国。

　　高粱隶属于禾本科高粱族高粱属。目前已遍布世界100多个国家，成为第五大禾谷类粮食作物，根据用途可分为粒用、饲用、糖用和帚用等四类。在粒用高粱中，根据淀粉类型又分为粳型高粱、糯质高粱。我国北方地区种植的多为粳型高粱，南方地区作酿酒原料种植的是糯高粱。

　　糯高粱是高粱的一种类型，一直存在于高粱之中。是随着科技的进步而细分出来的，伴随酿造产业的发展而提升。我国糯高粱是1993年经全国科学技术名词审定委员会审定发布的农学名词。从此糯高粱有了专属的名字，并在生产上快速推广应用。

　　为服务糯高粱生产和湖北酒业发展，该书作者从20世纪90年代开始，从全国高粱育种单位引进糯高粱品种，组织开展品种试验示范，指导湖北酒企在大冶、阳新等县市建立了糯高粱原料生产基地，摸索糯高粱生产技术、配套的产业发展措施。随后多次参加了全国高粱产业技术体系的高粱品种鉴定委员会活动，进一步接近全国高粱育种与栽培专家，了解糯高粱品种选育与高产优质配套栽培新技术，面对面求教，加强对糯高粱的系统理论知识学习。2008年以来，利用湖北省现代农业展示中心平台，多年承担全国酿造高粱新品种区域试验和生产试验，同时开展糯高粱育苗移栽、地膜覆盖、种植密度、配方施肥、再生栽培等田间试验，对参试品种进行系统的定点、定株、定期观测，全面掌握其生长发育进程，摸索田间病、虫、杂草发生测报与防治技术，不断地增进了对糯高粱品种特征特性、生长发育规律的认知。

近几年来,在湖北省市场监督管理局实施的《"万千百十一"产业质量提升》活动中,利用神农架及周边地区优良的生态环境条件,开展糯高粱原料生产,建立生产基地。其间经常进村入户开展科技培训、田间技术指导、探索种肥药配套供应、订单生产、规模化种植等生产模式。几年的时间,作者走遍了神农架林区糯高粱生产的乡村及生产基地的农户,周边的恩施州、十堰市、宜昌市和襄阳市的有关县市,以及沿江地区的荆州、仙桃、潜江、鄂州、咸宁和孝感市的糯高粱生产区域。

在深入基层服务和调研过程中,了解到干群对糯高粱生产技术的缺乏,市面上又很少有糯高粱生产技术的科技图书。为服务乡村振兴,促进产业发展、农民增收和企业提质增效,我们组织编写了《现代糯高粱绿色生产技术》,以供农业科技推广人员、糯高粱种植农民、从事糯高粱产销贸易及酒企加工经营人员等参考使用。

本书编写过程中,得到了辽宁省农业科学院高粱研究所、四川省农业科学院水稻高粱研究所、山西省农业大学高粱研究所、湖北省农业科学院粮食作物研究所、湖北省产品质量监督检验研究院鄂州分院、湖北广播电视台垄上频道等科研、教学、推广、新闻媒体、酿造加工等方面的业内专业技术人员大力支持,在此一并表示衷心感谢! 由于涉及面广,水平有限,加之时间仓促,书中难免有疏漏之处,敬请各位专家、读者提出宝贵意见,以利纠正。

编者

2024 年 4 月

目　　录

第一章　高粱产业发展概况

高粱又名蜀黍、桃黍、木稷、荻粱、乌禾、芦檫、茭子、秫秫等。是世界五大谷类作物之一,也是我国最早栽培的禾谷类作物之一。高粱不仅是粮饲兼用作物,而且还广泛用于淀粉、酿酒和酒精工业,我国的众多名酒、名醋都是以高粱为主要原料酿制而成的;高粱的茎秆表皮硬,是农村传统的建筑材料和蔬菜架材;茎秆外皮还可以用于编织,穗莛(花序)可制作扫帚、炊帚及工艺品等。

本章着重介绍高粱的起源与传播、高粱的分类、高粱的优势产业、国内外高粱生产发展状况。

第一节　高粱的起源与传播

一、高粱的起源

高粱在全世界分布广泛,形态多样,遗传变异丰富,我国和非洲、印度是高粱变异类型丰富的地区。关于高粱的起源地,迄今尚无一致结论。主要有起源于非洲和起源于中国两种观点。

一种观点认为高粱起源于非洲。考古发现人类食用高粱的历史已有8000年左右,在埃及和苏丹边境的纳布塔盐湖考古遗址中发掘出数百颗炭化的高粱种子,经碳14测定,已有8000~8100年的历史。遗址中发掘的高粱有去壳的籽粒,并有食用的迹象,认为高粱在当时的纳布塔盐湖居民生活中扮演了重要角色,从而为高粱的利用提供了最早的证据。5000年前居住于苏丹尼日尔河流域的爱丁人,已把具有一定食用品质的野生高粱引入栽培。

另一种观点认为高粱起源于我国。由于我国高粱有许多特征特性与非洲、印度高粱不同,同时又根据我国发现的野生高粱及考古结果,我国学者论定我国最早的高粱栽培可上溯至新石器时代,商周时期继续栽培,主要分布在黄河流域,竺可桢等(1972)研究证明,距今5000~3000年前黄河流域正处于温暖时期,气候条件与现在的热带和亚热带相似,这说明当时黄河流域有野生高粱生长的条件。自20世纪50年代以来,中国先后出土了一些重要的文物,如1972年,河南省郑州市博物馆在郑州东北郊的大河村仰韶文化遗址中,发现了陶罐装的炭化高粱籽粒,应用碳14同位素测定后,表明这些高粱籽粒距今已有5000余年的历史。1986年,在甘肃省民乐县东灰山新石器时代遗址中发现5种炭化籽粒,其中就有比较完整的炭化高粱籽粒,经鉴定为中国高粱较古老的原始种。

纵观全球考古发现的最早高粱遗存,非洲在距今8000年前,阿拉伯半岛在距今6500~6000年前,印度在距今3800~3500年前,我国在距今3000年前左右。从考古发现的高粱形态特征来看,非洲最早发现的高粱基本还是野生,阿拉伯半岛发现的高粱已是栽培驯化的原始高粱,我国考古发现没有一例提到是野生或原始高粱,都是驯化的栽培高粱。从考古发现不难看出,非洲是高粱的起源地。

二、高粱的传播

从目前大量的考古和研究的结果看,高粱的传播并非完全栽培驯化后才开始的,而是在传播过程中逐步驯化。Quinby(1967)认为高粱在距今5000年前开始向全球传播。

(一)高粱在非洲的传播

在公元前4000年或前3000年前,高粱就从埃塞俄比亚传到西非、东非、中非和南非等地。

(二)高粱向印度的传播

高粱从非洲向印度传播最可能是通过阿拉伯沿海航行的独桅三角帆商船完成的。当时的商船由阿拉伯半岛出发,依靠季风,在东非海岸莫桑比克和印度南部之间往来,将高粱由非洲传入印度。高粱传入印度的时间大约在公元前 2000 年。

（三）高粱向中东和地中海沿岸的传播

同样依靠非洲、阿拉伯和印度之间的商船,装运高粱通过波斯湾到达伊拉克,并逐渐传播至中东和地中海沿岸。高粱在公元前 700 年已经抵达中东。

（四）高粱向我国的传播

我国古代有野生高粱。目前在华南的广东,西南的广西、云南和贵州等省(自治区),东南的福建、台湾等省,生长着拟高粱和光高粱两种野生高粱,但它们并没有直接被驯化成栽培高粱,而是当非洲的栽培高粱经印度传入我国后与当地的野生高粱杂交,其后代逐渐被栽培驯化成现代多样性的我国高粱。栽培高粱于公元 4 世纪传到我国。可能通过 3 种路径:一是著名的丝绸之路,当时精于商贸的粟特人将高粱种子及种植技术沿丝绸之路带入我国新疆、甘肃兰州,并传入中原内陆;二是由印度通过我国西南部的云南、四川传入中原地区;三是依据广东的考古结果,高粱还有可能是通过海上丝绸之路由印度经马六甲海峡、我国南海,传入我国广东,之后传入我国中原地区。

（五）高粱向美洲的传播

高粱向美洲的传播是近代的事。粒用高粱最初是从西非随着贩卖奴隶进入美国,几内亚高粱就是此时被引进美国的。美国于 1853 年和 1857 年分别从我国引进琥珀高粱和甜高粱,1874 年从北非引进褐色和白色的都拉高粱,1876 年从南非引进卡佛尔高粱,1880 年从西非引进迈罗高粱,1890 年从印度引进沙鲁高粱。之后,高粱很快传到中美洲和南美洲。

（六）高粱向大洋洲的传播

高粱从南非和东非通过印度传到东南亚,再传到大洋洲。

第二节　高粱的分类

高粱属于禾本科(Gramineae)高粱族(Andropgoneae)高粱属(Sorghum)。高粱有许多一年生和多年生的种,体细胞的染色体数也不等,有 $2n=10$、$2n=20$、$2n=40$,但都是以 $x=5$ 为基数。

高粱是世界上最古老的禾谷类作物之一,种类繁多的野生高粱和栽培高粱遍布于各大洲的热带、南北亚热带、南北温带的平原、丘陵、高原和山地。由于长期的自然和人工选择,形成了各式各样的高粱遗传资源。众多植物学家一直在研究高粱的分类。

一、国际上栽培高粱的分类

(一)第一种栽培高粱的分类方法

1936年,英国著名的植物分类学家 Snowden J. D. 对全世界的栽培高粱做了详细分类。他将栽培高粱分成6个亚系(或称之群)31个种。

1. 德拉蒙德亚系

(1) 深黑高粱种。

(2) 德拉蒙德高粱种。

(3) 光泽高粱种。

2. 几内亚系

(1) 珍珠米高粱种。

(2) 几内亚高粱种。

(3) 甜蜜高粱种。

(4) 显著高粱种。

(5) 罗氏高粱种。

(6) 冈比亚高粱种。

(7) 裸露高粱种。

3. 有脉亚系

(1) 膜质高粱种。

(2) 巴苏陀高粱种。

(3) 有脉高粱种。

(4) 黑白高粱种。

(5) 安哥拉高粱种。

(6) 华丽高粱种。

4. 双色亚系

(1) 多克那高粱种。

(2) 双色高粱种。

(3) 粟状高粱种。

(4) 拟似高粱种。

(5) 美丽高粱种。

(6) 贵重高粱种。

5. 卡佛尔亚系

(1) 革质高粱种。

(2) 卡佛尔高粱种。

(3) 浅黑高粱种。

(4) 有尾高粱种。

(5) 甜秆高粱种。

6. 都拉亚系

(1) 硬粒高粱种。

(2) 都拉高粱种。

(3) 弯穗高粱种。

(4) 近光秃高粱种。

(二) 第二种栽培高粱的分类

1972年,Harlan和de Wet发表了栽培高粱的简易分类法。他们根据调查的小穗、穗和籽粒的特征,可以把任何栽培高粱很快地和始终一贯地归到5个类型中的1个。该分类系统简单、明了,可操作性、实用性强,似乎是未来明确的分类系统。

这种分类法,把高粱分为5个族,即双色族、几内亚族、顶尖族、卡佛尔族和都拉族(图1-1)。

1. 双色族

该族特征是松散花序,长钩紧颖壳,成熟时包裹着椭圆形籽粒。

2. 几内亚族

该族的基础是几内亚系,其特征是长而张开的颖壳,成熟时有2个籽粒

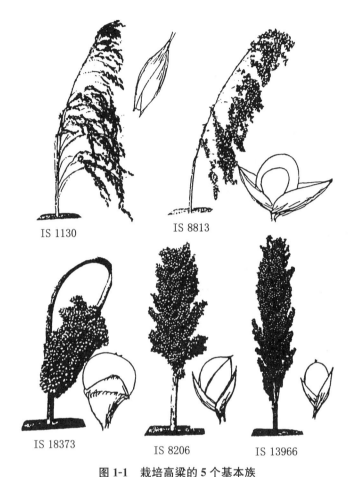

IS 1130

IS 8813

IS 18373

IS 8206

IS 13966

图 1-1　栽培高粱的 5 个基本族

IS 1130—双色族；IS 8813—几内亚族；IS 18373—都拉族

IS 8206—顶尖族；IS 13966—卡佛尔族

（卢庆善，邹剑秋.高粱学［M］.2 版.北京：中国农业出版社，2023.）

倾斜露出来。花序一般大而散，成熟时分枝常常倒垂。

3. 顶尖族

该族以卡佛尔亚系的顶尖高粱和浅黑高粱为基础。顶尖族高粱的特征是龟背形籽粒，一边扁平，另一边明显变弯。籽粒成熟时通常露在较短的颖壳之间。穗型从紧穗到散穗不一。

4. 卡佛尔族

该族是以卡佛尔系为基础，但不包括顶尖高粱和浅黑高粱。卡佛尔族高粱多为紧穗,常为圆筒形。无柄小穗是典型的椭圆形,成熟时颖壳紧钩,一般籽粒更长。

5. 都拉族

该族包括都拉亚系的都拉高粱和弯穗高粱。"都拉"是衍生于阿拉伯高粱的名称。都拉族的分布与非洲地区穆斯林的居住地密切相关。都拉高粱一般紧穗,无柄小穗是独特的扁平卵圆形,外颖近中部变皱褶,或者顶部较低的 2/3 部位具有明显不同的质地。

二、我国高粱的分类

我国幅员辽阔,地形复杂,跨越亚热带和北温带,气候各异。北起黑龙江省黑河市爱辉区(50°15′N),南至西沙群岛(16°N),东起台湾地区(122°E),西至新疆喀什(76°E)都有栽培高粱的种植和分布,由于长期的自然和人工选择,产生了多种多样的栽培高粱品种。

(一)我国学者对我国高粱的分类

按照穗部、籽粒等的植物学特征,我国学者将我国高粱分为 4 种类型。

1. 软壳型

特征是内、外颖质地不同,外颖明显有脉,籽粒龟背状,不分蘖或分蘖力弱。多分布于秦岭—淮河以北。

2. 双软壳型

特征是内、外颖均为纸质,外颖明显有脉,小穗披针状,籽粒长圆形,包被紧。秦岭—淮河南北均有少量分布。

3. 硬壳型

特征是内、外颖质地均为革质,外颖近尖端有脉,籽粒对称,裸露 1/3～1/2,分蘖力中等或强。多分布于秦岭—淮河以南。

4. 新疆型

特征是护颖革质具毛,籽粒对称,多为宽卵圆型,裸露大半,穗茎多弯曲,紧穗。专分布于新疆地区。

（二）生产上常用的高粱分类

一般常按高粱的用途、植物性状等进行分类。

1. 按用途分类

根据用途不同,可将高粱分为以下4类。

（1）粒用高粱。以获取籽粒为目的,是我国种植最广和利用最多的高粱类型。茎秆高矮不等,分蘖力较弱,穗密而短。茎内髓部含水量较少。籽粒品质较佳,成熟时籽粒外露,较易脱粒。按籽粒淀粉性质不同,可分为硬质高粱和糯质高粱。糯质高粱的支链淀粉含量占总淀粉含量的95%以上,适合酿造白酒。

（2）糖用高粱。又称甜高粱,茎秆节间长,植株高大,株高5米左右,富含汁液和糖分,随着籽粒成熟,茎秆含糖量可达8%～20%,可用于制糖和乙醇,被认为是具有广泛发展前途的新型生物质能源作物。甜高粱茎叶可作为青贮饲料喂牛羊。

（3）帚用高粱。穗长而散,通常无穗轴或有极短的穗轴,侧枝发达而长,穗下垂,籽粒小并由护颖包被,不易脱落。帚用高粱,常用于制作扫帚、洁具,编织,工艺品,因此也叫作工艺用高粱。

（4）饲用高粱。也叫草高粱,是苏丹草与高粱杂交的一种。茎秆细,分蘖力和再生力强,生长势旺盛,茎内多汁,含糖量较高,是牛、羊的良好饲料。穗子小,籽粒有稃,品质差。

2. 按籽粒颜色分类

按高粱籽粒颜色可分为红色籽粒高粱、黄色籽粒高粱和白色籽粒高粱三类。

（1）红色籽粒高粱。高粱成熟后,籽粒中单宁含量较高,食用品质较差,但单宁有防腐能力,耐贮藏、耐盐碱,因此多在旱坡地和盐碱地种植。

（2）黄色籽粒高粱。高粱成熟后,籽粒中单宁含量较低,适口性较好,且含有较多的胡萝卜素,营养价值良好。

（3）白色籽粒高粱。高粱成熟后,籽粒成白色,籽粒中单宁含量较低,食用品质好。

3. 按穗型分类

（1）散穗高粱。穗型松散,侧枝较长。根据主轴长短分为两个类型:①下垂散穗型。穗轴较短,侧枝长而下垂,着粒少,籽粒包于颖内不易脱粒。②直立散穗型。具有较长的穗轴和扩散的穗分枝,籽粒着生较少,且多被护颖包住。

(2)紧穗高粱。圆锥花序紧密,侧枝短,籽粒裸露易脱粒。分为两个类型:①穗柄直立型。穗与茎垂直,不弯曲。②穗柄弯曲型。穗柄向下弯曲,穗下垂紧密(图1-2)。

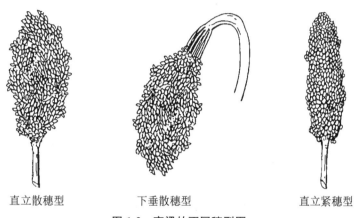

直立散穗型　　　　　　下垂散穗型　　　　　　直立紧穗型

图 1-2　高粱的不同穗型图

(卢庆善,邹剑秋.高粱学[M].2 版.北京:中国农业出版社,2023.)

4. 按生育期分类

根据高粱生育期的长短可分为早熟品种、中熟品种和晚熟品种三类。

(1)早熟品种。生育期<115 天。

(2)中熟品种。生育期为 115~130 天。

(3)晚熟品种。生育期>130 天。

第三节　高粱的优势产业

高粱浑身是宝,用处多样,可以形成许多优势产业。

一、糯高粱酿造业

糯高粱又称小红高粱、红高粱,是高粱的一种类型,是我国 1993 年经全国科学技术名词审定委员会审定发布的农学名词。

糯高粱的品质特点:①糯高粱籽粒较为圆润,外观饱满,与粳高粱相对扁平的籽粒不同;②截面呈玻璃质状,质地柔软,支链淀粉含量较高,占总淀粉含量的90%以上,耐烤性强;③籽粒小,皮厚,角质率高,具有很高的耐蒸煮性;④酿造的白酒通常呈现出丰富的香气和口感,口感较净爽,微带单宁的涩感,甜味更为直接;⑤出酒率高,酒的口感醇正,好喝不上头。

糯高粱籽粒可以加工酿制出多种产品,例如最常见的高粱白酒、高粱醋等。

(一)糯高粱酿酒

我国高粱白酒有悠久的酿制历史,形成了我国独特的酿酒业,享誉海内外的我国高粱名酒就是我国的传统产业。我国八大高粱名酒各具特色和风味,绵而不烈、刺激平缓,具有浓(浓郁、浓厚)、醇(醇滑、绵柔)、甜(回甜、留甘)、净(纯净、无杂味)、长(回味悠长、香味持久)等特点。主要香型有酱香、清香、浓香。酱香型的特点是酱香突出,优雅细腻,酒体醇厚,回味悠长,如茅台酒;清香型的特点是清香纯正,醇甜柔和,自然协调,余味爽净,如汾酒;浓香型的特点是窖香浓郁,绵软甘洌,香味协调,尾净余长,如泸州老窖特曲。

八大名酒之首的茅台酒,最早的酒坊始建于1704年,产于贵州省仁怀县茅台镇。茅台酒以当地糯高粱为主料,用小麦作曲酿制而成,酒香味成分复杂,是国宴专用酒。

四川省酿制的五粮液、泸州老窖特曲、剑南春分别有1000年、400年和300余年的生产历史,其中泸州老窖特曲于1915年获巴拿马万国博览会金奖。

山西省杏花村酿制的汾酒有1500余年的历史,南北朝时就有"甘泉佳酿"之称。汾酒酒液无色,清香味美,口味醇厚,入口绵,落口甜,余味爽净。产于江苏省的洋河大曲、安徽省的古井贡酒、贵州省的董酒也都有200～300年的历史。这些高粱名酒在长期的历史发展中,形成了不同的风味风格,成为当地的主导产业,为当地经济的发展起到了重大作用。

现今,在我国市场经济蓬勃发展的形势下,高粱酿酒业也得到了较大的发展。酿酒业是我国不少省份国民经济的支柱产业,高粱酒也是我国重要的出口创汇商品。

进入 21 世纪后国内酿酒业发展势头仍然强劲,呈现逐年上升趋势。据有关部门的统计资料表明,国内大型酒厂有 100 多家,是糯高粱用量大户,年需要糯高粱在 150 万吨左右;各地众多的中、小酒厂,年需要糯高粱在 100 万吨以上。酿酒业的发展带动了糯高粱生产的发展,使农民增收,企业增效,国家增税,出口创汇。

（二）糯高粱酿醋

我国北方优质食用醋,大都是以糯高粱为原料酿制的,如山西老陈醋,黑龙江双城烤醋、熏醋等。我国食用醋具有质地浓稠、酸味醇厚、清香绵长的特点,是一种不可替代的调味品。它能增进食欲、有利消化,在医药上也有一定的用途。

二、普通高粱饲料业

（一）普通高粱籽粒

普通高粱籽粒是一种优良饲料,在世界上许多国家,普通高粱是因畜牧业发展而兴起的作物,在澳大利亚、美国、日本、欧洲等广泛使用普通高粱作为动物饲料。普通高粱籽粒作饲料的平均可消化率:蛋白质为 62%,脂肪为 85%,粗纤维为 36%,无氮浸出物为 81%,可消化养分总量为 70.46%,平均总淀粉含量为 69.82%,1 千克普通高粱籽粒的总热量为 18.63×10^3 千焦。饲用的效能大于大麦和燕麦,大致相当于玉米。按平均量计算,普通高粱籽粒饲喂育肥猪,其有效价相当于玉米的 90% 左右,饲喂肉牛为 95%,饲喂羊、奶牛和家禽为 98%。

普通高粱与玉米有效价相近,但价格却更加低廉,可替代饲料中的部分玉米,具备广泛的饲用产业前景。有研究表明,由于普通高粱籽粒中可消化蛋白质为每千克 54.7 克,比玉米每千克 45.3 克多 9.4 克,而粗脂肪含量比玉米低 0.25%,普通高粱籽粒饲喂可提高猪的瘦肉比例。在配合饲料中加入 10%~15% 普通高粱籽粒还可以预防动物疾病,提高动物成活率。糯高粱籽粒用作肉鸡、蛋鸡的饲料,在配方饲料中完全可以替代玉米。糯高粱籽粒中含有单宁,具有收敛作用,饲喂幼禽可降低肠道疾病。据试验,在日粮中各用 75% 的普通高粱和玉米饲喂雏鸡,饲喂普通高粱的雏鸡成活率为 84.1%,而饲喂玉米的雏鸡成活率为 73.7%。

(二)饲草高粱

饲草高粱产量高,抗逆性强,营养价值高,是仅次于苜蓿的优良饲草。近年来,饲草高粱在我国有较快的发展。饲草高粱大体可分为 3 种类型。

(1)牧草。如哥伦布草、约翰逊草、苏丹草。

(2)青饲草和干草。普通高粱与苏丹草的杂交种,国内称高丹草、约翰逊草。

(3)青贮。甜高粱、糯高粱秸秆青贮。

三、甜高粱制糖业

甜高粱茎秆中富含糖分,很早就作为制糖业的原料得到开发。1859 年,美国从中国引种甜高粱品种"琥珀",并生产糖浆。到 1880 年,美国利用甜高粱生产糖浆达 1.14 亿升,第一次世界大战后最高年产为 1.8 亿升。1969 年,美国科学家研究成功从甜高粱汁液中除去淀粉和乌头酸的方法,从而生产出结晶糖。之后,墨西哥、苏联、印度、印度尼西亚等国家都以不同规模的甜高粱生产糖。

甜高粱茎秆汁液含糖量(锤度,指甜高粱茎秆汁液中所含的可溶性固形物糖分百分率)在 17%~22%,江西省第二糖厂测定甜高粱品种"雷伊"的含糖锤度、转光度、蔗糖分与当地甘蔗比不相上下。甘肃省张掖地区农业科学研究所测定了 1900 个甜菜样品,平均汁液锤度为 15.5%,而测定的 2000 个甜高粱样品,其平均汁液锤度为 16%~27%。表明用甜高粱制糖完全可与甜菜、甘蔗媲美。

四、甜高粱生物能源业

研究表明,甜高粱是目前世界上生物量最高的作物之一,因此又称作"高能作物"。甜高粱每公顷可产茎秆 6.0 万~7.5 万千克,籽粒 4500~6000 千克。在德国,甜高粱最高鲜生物学产量达 16.9 万千克/公顷。它所合成的碳水化合物产量为玉米或甜菜的 2～3 倍。甜高粱分为糖晶型和糖浆型两种，糖晶型茎糖主要成分为蔗糖，可生产结晶糖；糖浆型茎糖主要成分为葡萄糖，可生产葡萄糖，并最易转化为乙醇。据试验结果，每公顷甜高粱可加工转化乙醇为 6106 升，甘蔗可加工转化乙醇为 5680 升，木薯可加工转化乙醇为 5332 升，甘薯可加工转化乙醇为 4855 升，玉米可加工转化乙醇为 2986 升，水稻可加工转化乙醇为 2434 升。由此可见，用甜高粱转化生产乙醇比其他作物都有优势。

五、糯（普通）高粱其他产业

糯（普通）高粱在造纸业、板材业、色素业等产业上也有一定的位置。

（一）造纸业

糯（普通）高粱茎秆含有 14%～18% 的纤维素，其产量每公顷可达 7.5～15 吨，是造纸的好原料。糯（普通）高粱的纤维结构具有较高的密度，可产生同质片状物，纤维细胞的长与宽之比值优于芦苇、甘蔗渣，相当于稻、麦的茎秆，而仅次于龙须草，造纸利用价值是相当高的。

（二）板材业

糯（普通）高粱不同品种的茎秆有各种花纹，利用糯（普通）高粱茎秆加工压制的板材，自然、古朴、美观大方。用这种板材打造各种家具，装修住房，使人有一种回归自然的感觉，深受人们的喜爱。开发糯（普通）高粱秆板材，可节省大量木材，能有效地保护森林资源和生态环境。糯（普通）高粱板材质地轻，强度大，与常用的木质板材比较，隔热性能好，用途广泛。

（三）色素业

糯高粱和普通高粱籽粒、颖壳、茎秆等部位含有各种颜色的色素，可以提取利用。壳是生产的副产物，资源非常丰富，是提取色素的最佳原料。

红色素为纯天然色素，色调自然、柔和，无毒，无特殊气味。产品分为醇溶、水溶及肉食品专用三大系列 9 个品种，可广泛用于食品、饮料、化妆品和药品等产业。红色素属天然环保产品，作为着色剂在上述行业中应用有利于人类的健康，并能取得可观的社会、经济效益。生产 1 吨红色素，国内价格 28 万元左右，出口价格 32 万元左右。

第四节　国内外高粱生产发展状况

高粱是全球第五大谷类作物,种植面积仅次于小麦、玉米、水稻和大麦。在世界上分布很广,主要种植在非洲、亚洲和美洲。

一、全球高粱产销情况

(一)全球高粱生产

20世纪60年代以来,全球高粱种植面积比较稳定,单产不断提高,总产量也呈逐步增加的趋势。

1961年,全球高粱收获面积是4600.9万公顷,单产8896千克/公顷,总产量4093.2万吨。1970年,收获面积最大达到4941.2万公顷,单产11287千克/公顷,总产量5577.3万吨。1980年,收获面积4402.9万公顷,单产13000千克/公顷,总产量5723.8万吨。总产量最多的是1985年,为7756.7万吨。此后收获面积开始逐步减少,收获面积最少的是2000年,为4111.9万公顷,单产13575千克/公顷,总产量5582.1万吨。2021年收获面积是4164.1万公顷,单产14900千克/公顷,总产量6216.7万吨(表1-1)。

表1-1　1961—2021年全球高粱生产量

年份	1961	1970	1980	1985	2000	2010	2021
收获面积 (万公顷)	4600.9	4941.2	4402.9	5084.4	4111.9	4216.5	4164.1
单产 (千克/公顷)	8896	11287	13000	12256	13575	14273	14900
总产量 (万吨)	4093.2	5577.3	5723.8	7756.7	5582.1	6018.1	6216.7

资料来源:联合国粮食及农业组织(FAO)数据库。

（二）全球高粱主产地区

1. 全球高粱产出率较高的地区

欧盟是全球高粱产出率最高的地区,2021年产出率达5.49吨/公顷。自第二次世界大战以来,欧盟一直在种植高粱,但几乎完全用作动物的饲料,2017年以来,欧盟一直在鼓励高粱生产,在法国、意大利、保加利亚、匈牙利都有种植。2021年,埃及成为全球高粱产出率第二的国家,产出率为5.00吨/公顷。产出率第三高的是中国,产出率为4.76吨/公顷(表1-2)。

表1-2　2021年全球高粱产出率前10位的地区

地区	欧盟	埃及	中国	澳大利亚	美国	乌克兰	乌拉圭	南非	阿根廷	巴拉圭
单产（吨/公顷）	5.49	5.00	4.76	4.36	4.33	4.12	4.00	3.95	3.68	3.60

资料来源:美国农业部。

2. 全球高粱产量最多的国家

美国是全球高粱生产量最多的国家,2021年,高粱总产量1137.5万吨,其次是尼日利亚672.5万吨,第三位的是墨西哥460.0万吨,中国居第九位为300.0万吨(表1-3)。

表1-3　2021年全球高粱产量前10位的国家

地区	美国	尼日利亚	墨西哥	印度	埃塞俄比亚	苏丹	阿根廷	巴西	中国	澳大利亚
产量（万吨）	1137.5	672.5	460.0	450.0	445.0	353.0	340.0	304.2	300.0	270.0

资料来源:美国农业部。

（三）全球高粱消费情况

2015年以来,全球高粱平均年消费数量在6057.6万吨,其中用于饲料的消费量3664.9万吨,占60%。其次是用于食物、工业加工原料、种子等的消费。由于某些高粱品种中含有大量花青素,可作为具有功能性的天然食品色素、抗氧化剂补充剂等(表1-4)。

表 1-4　2015—2021 年全球高粱消费情况

年份	2015	2016	2017	2018	2019	2020	2021
消费总量(万吨)	6345.6	6236.8	5875.3	5847.9	5843.5	6088.0	6166.2
饲料消费(万吨)	3587.9	3862.3	3587.0	3759.3	3719.6	3674.9	3463.8
其他消费(万吨)	2757.7	2374.5	2288.3	2088.6	2123.9	2413.1	2702.4

资料来源:美国农业部。

(四)全球高粱进出口较多的国家

1. 高粱出口较多的国家

全球高粱出口较多的国家是美国,2021 年,美国高粱出口量 736.6 万吨,占全球出口总量的 62%。其次是阿根廷出口量 220.0 万吨,占全球出口总量的 18%。第三位的是澳大利亚出口量 200.0 万吨,占全球出口总量的 17%(表 1-5)。

2. 高粱进口较多的国家

全球高粱进口较多的国家是中国,2021 年进口量 1050 万吨,占全球进口量的 88%,其中进口量的 70% 来自美国。我国高粱经历了从清代的大规模推广,再到现今大规模进口的过程,实现这一转变的原因,一方面是由于高粱的亩产量(1 亩≈666.7 平方米)相比杂交玉米、杂交水稻低,种植高粱已不能满足人口对粮食的需求,高粱以前被称为杂粮之首,口感粗糙,随着人们饮食水平的提高,更加依赖吃大米、小麦和玉米;另一方面,高粱相比其他作物经济价值不高。高粱进口国还有日本和墨西哥等(表 1-5)。

表 1-5　2021 年全球高粱进出口较多的国家

出口国家	美国	阿根廷	澳大利亚	乌克兰	肯尼亚	其他
数量(万吨)	736.6	220.0	200.0	6.5	5.7	25.3
进口国家	中国	日本	墨西哥	欧盟	肯尼亚	其他
数量(万吨)	1050	25	20	16	12	69.43

资料来源:美国农业部。

二、我国高粱生产情况

我国种植高粱历史悠久,是全球高粱的主产地区之一。20 世纪以来,我国高粱种植面积最多的是 1936 年,达到 960.0 多万公顷,总产量为 1195.0 万吨(表 1-6)。1949 年,高粱总产量不到 900 万吨。20 世纪 50 年代初期,辽宁、吉林、黑龙江、河北、山西、山东、河南、安徽八个省,有近 1 亿人口以高粱为主食。1953 年,全国高粱种植面积恢复到 955.9 万公顷,总产量 1120.0 万吨(表 1-6),接近历史最高纪录。

1954 年起,安徽省北部、江苏省北部,以及河南、山东等省的高粱逐渐被高产作物玉米、水稻等所取代。安徽、河南、山东三省从 1954 年到 1957 年,压缩高粱种植面积 125 万多公顷。安徽省减少了 49%,河南省减少了 24%,山东省减少了 41%,而 3 省同期秋粮产量有较大幅度的增长。但是,有些地区过多地削减了高粱种植面积,改种的作物也不比高粱高产和稳产。从 1957 以后,高粱种植面积维持在 666.7 万公顷上下。1979 年高粱种植面积不足 300 万公顷,1984 年下降到 245.1 万公顷,但是由于普遍推广了杂交高粱品种,改进了栽培技术,使每公顷平均产量提高到 3000 千克以上,总产量为 771.5 万吨,相当于 1953 年的 69%。1990 年高粱种植面积 154.5 万公顷;2000 年下调至 88.9 万公顷;2015 年减少至 42.5 万公顷;2020 年开始恢复性发展;2022 年高粱种植面积上升到 67.5 万公顷,总产量 309.4 万吨(表 1-6)。

表 1-6　历年中国高粱生产数量

年份	1936	1953	1986	1990	2000	2010	2015	2022
种植面积（万公顷）	960.0	955.9	187.5	154.5	88.9	51.0	42.5	67.5
总产量（万吨）	1195.0	1120.0	538.0	567.6	258.2	193.3	220.2	309.4

资料来源:中国农业统计资料(1987)、中国农村统计年鉴(2023)。

我国高粱主产区主要分布在东北、西北、华北和西南地区,种植面积较多的省份是内蒙古,2022 年为 122.9 千公顷,其次是贵州省的 112.6 千公顷,第三位的是山西省为 103.5 千公顷,第四位的是四川省为 65.0 千公顷(表 1-7)。

表 1-7　2022 年中国高粱主产省(自治区)生产数量

地区	面积(千公顷)	总产量(万吨)	地区	面积(千公顷)	总产量(万吨)
天津	9.1	4.6	湖北	9.7	3.8
河北	33.6	14.5	湖南	9.1	3.9
山西	103.5	36.6	重庆	18.7	7.4
内蒙古	122.9	72.3	四川	65.0	31.2
辽宁	41.7	23.5	贵州	112.6	37.5
吉林	47.1	32.5	陕西	24.7	6.7
黑龙江	15.0	7.6	甘肃	6.8	3.2
安徽	12.8	7.2	新疆	10.0	6.0
河南	15.5	5.8			

资料来源:中国农村统计年鉴(2023)。

三、湖北省高粱生产情况

历史上高粱在湖北省各地都有种植,主产区在黄冈、荆州、恩施、襄阳等市(州)。

1949 年,全省高粱面积 74.5 千公顷,单产 720 千克/公顷,总产量 5.35 万吨。20 世纪 60 年代初期遭遇到严重的自然灾害,高粱面积迅速扩大,1961 年为历史最高年,高粱面积 129.5 千公顷,单产 1110 千克/公顷,总产量 14.4 万吨。1950—1959 年,年均高粱种植面积 67.7 千公顷,1969 年以后,高粱面积逐年调减,1970—1979 年,年均种植面积为 33.5 千公顷,1980—1989 年,年均种植面积 11.3 千公顷,2000 年仅有 2.8 千公顷,2017 年,随着酿酒等加工业的发展,高粱开始恢复性生产,种植面积上升至 5.03 千公顷,总产量 17759 吨。2022 年种植面积 9.7 千公顷,总产量 3.8 万吨(表 1-8)。

表 1-8　1949—2022 年湖北省高粱生产数量

年份	面积 （千公顷）	单产量 （千克/公顷）	总产量 （万吨）	年份	面积 （千公顷）	单产量 （千克/公顷）	总产量 （万吨）
1949	74.5	720	5.35	1990	6.5	2625	1.7
1950—1959	67.7	945	6.42	2000	2.8	2625	1.1
1960—1969	66.8	1110	7.41	2010	2.2	4380	1.0
1970—1979	33.5	1875	6.30	2020	5.1	3529	1.8
1980—1989	11.3	2460	2.79	2022	9.7	3918	3.8

资料来源：历年湖北农村统计年鉴、中国农村统计年鉴（2023）。

湖北省历史上种植的高粱，主要是籽粒食用型的品种。进入 21 世纪，开始推广以酿酒为主的糯质型高粱品种。

湖北的糯高粱种植主要分布在 4 个区域：一是恩施自治州的恩施、建始、巴东、宣恩、来凤、咸丰六个县市，为专用酿造酱香型白酒糯高粱生产基地；二是神农架林区及其周边的房县、竹山、竹溪、保康、兴山等县市，为酿造酱香型白酒的生产基地；三是沿江平原地区的荆州市、鄂州市、孝感市、仙桃市、潜江市等，以杂交糯高粱生产为主，为东北及西南地区酒厂提供糯高粱原料；四是鄂北地区的襄州区、枣阳市、老河口市、宜城市、大悟县等，以订单模式生产红缨子等类型的糯高粱，供给西南地区白酒生产企业。据统计资料上报的糯高粱生产面积，2021 年全省只有 6.12 千公顷（表 1-9），实际糯高粱种植面积在 20 千公顷以上，原因是糯高粱不属于三大主粮（稻谷、小麦、玉米），但各地在上报粮食种植面积时把种植的糯高粱面积调整到主粮上了。

表 1-9　2021 年湖北省高粱主产区生产数量

地区	十堰市	襄阳市	鄂州市	孝感市	荆州市	恩施州	仙桃市	神农架
面积 （千公顷）	0.76	1.39	1.33	0.66	0.52	0.68	0.53	0.25
总产量 （吨）	2788	5227	4610	565	2228	3068	2176	376

资料来源：2022 湖北农村统计年鉴。

比如,神农架林区阳日镇的朝阳村,是糯高粱开展酿酒产业化开发的基地之一。朝阳村地处神农架林区东部,隶属阳日镇人民政府管辖,土地面积17平方千米,下辖9个村民小组,农户248户,人口751人。辖区内最高海拔1400米,最低海拔600米,平均海拔1000米,立体小气候明显,耕地面积1154亩,农业种植业以玉米、糯高粱、马铃薯等作物为主。

神农架林区良好的生态环境和地理条件十分适合糯高粱生长,海拔1200米以下区域均可种植。2016年,有酒企入驻盘水生态产业园区,需要大量糯高粱酿酒。神农架林区党委政府高度重视,将糯高粱列入"六大"农业种植业特色产业,区乡两级政府同步出台奖补政策,鼓励农民发展糯高粱,支持农业专业合作社等新型生产主体承担集中育苗、供苗工作,农业部门负责栽培管理技术培训指导。

在多重保障与政策扶持下,2016年朝阳村部分农户开始试种糯高粱,种子由酒企免费提供,品种为贵州红缨子。当年村民种植的糯高粱亩产量最高260千克,最低亩产量160千克,平均亩产量210千克。政策补贴后糯高粱销售价格为6元/千克,每亩经济收入在960~1560元。

试种成功获得了实实在在的经济效益,这极大地激发了农民的种植热情,第二年朝阳村30户农户加入到种植糯高粱行列。朝阳村两委积极服务糯高粱产业,于2017年成立了神农架林区日朝种养殖专业合作社,承担全村糯高粱产销全过程服务,解决种植户后顾之忧。每年年初由合作社统计面积,统一领种,统一发放到户。在育苗环节根据遵循村民意愿和方便移栽的原则,采取分散和集中育苗两种方式,对愿意分散育苗的农户,合作社免费提供塑料薄膜、育秧器等育苗物资,并派人上门帮助育苗,农户自己育苗的按照300元/亩补助育苗用工费用。集中育苗的,合作社组织人员全部免费育苗;在管理环节,合作社积极对接企业和区级农业农村部门领取防控病虫药剂登记造册发放,配合区级农业农村局组织召开农药化肥减量暨科学安全用药现场会,利用植保无人机开展病虫害应急防治、统防统治,保障生产安全;糯高粱收获后,由合作社统一收集、免费运输,解决一家一户销售难题。

为了鼓励村民发展糯高粱,朝阳村两委每年从村集体收入中拿出一部分资金,按照每交售1千克糯高粱奖补2元的标准,按产量据实进行奖补。

2023 年的收购价是 7.4 元/千克,村集体每千克再补贴 2 元,糯高粱销售价格达到 9.4 元/千克。全村糯高粱经济收入达到 98.7 万元,村民最高收入 3 万多元,户均增收 1.2 万元。2023 年,朝阳村被区级确定为糯高粱种植专业村。

借助糯高粱产业,在区乡两级政府、区农业农村部门等单位的扶持下,朝阳村公路由 3.5 米宽的水泥路面改扩建成 8 米宽的柏油路面,成为神农架林区 67 个建制村中最美村级公路,产业基础设施不断完善升级,村民的幸福感、满足感、获得感更加充实,糯高粱产业发展势头更加强劲。下一步,朝阳村将继续鼓励村民发展糯高粱,适度扩大种植面积,同时在品种选育和栽培管理方面下功夫,深挖产量潜力,提升糯高粱品质;积极争取资金建设烘干房、烘干塔,弥补糯高粱烘干设施装备短板,在满足全村烘干需求的情况下,为周边村组和乡镇提供社会化烘干服务;加大农机装备设备的支撑,筛选引进适宜山区的中小型农机具,减少用工成本,提高生产效率和经济效益,推动糯高粱产业健康可持续发展,以产业振兴助力乡村振兴。

恩施州自 2019 年开始种植糯高粱,几年来,糯高粱种植区域不断扩大,种植面积逐年增多,农户种植糯高粱的生产技术逐渐成熟,产量和经济效益持续提升,已形成一批糯高粱生产专业村,并正在成为乡村振兴的支柱产业。

2023 年,恩施州的糯高粱种植已发展到恩施、建始、巴东、宣恩、来凤、咸丰等县市,种植面积扩大到 4 万多亩,种植技术实行"五统一":统一配套服务,统一配套供应种子、化肥和农药,统一育苗移栽,统一技术指导服务,最后是统一按订单价格每千克 6 元收购。农户按订单生产规范操作,每个村由专门的公司聘请一位协管员,负责种植面积、配套物资、生产管理技术落实到位,并按收购糯高粱产量给予协管员报酬与奖励。各级农业技术推广部门积极做好宣传发动、技术培训、田间技术调查指导工作,从而极大地调动了农民种植糯高粱的积极性,糯高粱产量在 355.0～453.3 千克/亩(表 1-10)。从而为湖北建立稳固的糯高粱生产基地打下了坚实的基础,同时为山区发挥自然资源优势、带动产业发展、促进乡村振兴,探索出了一条新途径。

表 1-10 2023 年恩施、建始部分村糯高粱生产情况

县市	乡镇村	海拔（米）	种植农户（户）	种植面积（亩）	收购数量（千克）	平均亩产（千克/亩）
恩施	新塘乡下塘坝村	720	104	311	139202	447.6
	新塘乡岽山村	1005	85	134	47573	355.0
	沙地乡花被村	750	104	185	83931	453.3
	红土乡乌雅坝村	850	52	132	53926	408.5
建始	高坪镇平沟村	780	149	195	124568	422.3
	景阳镇尹家村	630	17	36	14378	399.4
合计			511	993	463578	466.8

资料来源：湖北红缨子公司订单生产收购数据。

第二章 高粱种质资源与品种选育

本章主要介绍我国高粱种质资源、糯高粱品种的选育、糯高粱品种提纯复壮等内容。

高粱种质资源又称高粱遗传资源，是对人类颇有价值的资源。种质资源的重要性在联合国粮食及农业组织（FAO）框架内已被各国政府认同，作为人类的共同财富应当不受任何限制地进行有效利用。

迄今，全世界共搜集到各种高粱种质资源 168500 份，其中美国有 42221份，占 25.1%；国际热带半干旱地区作物研究所（ICRISAT）有 36774 份，占21.8%；印度有 20812 份，占 12.4%；我国有 12836 份，占 7.6%；其他国家合计有 55857 份，占 33.1%。上述国家和国际高粱科研单位在对高粱种质资源进行搜集、整理、登记的基础上，对其遗传多样性和性状做了鉴定，从中筛选出许多具有优良农艺性状、品质性状、抗性等的资源材料，并建立了核心种质，满足了高粱遗传改良的需要。

第一节 我国高粱种质资源

我国高粱栽培历史悠久，栽培地域广泛，加之各地的气候、土壤等生态条件的差异较大，栽培制度不同，对高粱产品用途的需求有别，在长期的自然选择和人工选择过程中，使我国高粱形成了各式各样的品种类型，种质资源丰富多彩。

一、高粱种质资源的搜集与保存

（一）20 世纪初

20 世纪 20—30 年代，全国仅有少数农业科学研究和教学单位进行高粱品种资源的搜集、整理、保存和研究。设在南京的中央农事试验场,吉林公主岭农事试验场,甘肃省的甘谷农事试验站,金陵大学的北平、定县、太谷、济南、开封农事试验场和农业学校等都是从事高粱研究的主要单位,进行了高粱品种资源的搜集和观察研究。例如,公主岭农事试验场于1927年搜集和记载了东北地区高粱品种资源228份,并进行了登记保存。甘谷农事试验站结合高粱品种资源鉴定,开展高粱品种资源鉴定、品种选育。中央农事试验场开展了高粱开花习性和抗螟虫的研究,并引进种植一些外国高粱种质资源。1940年,当时晋察冀边区所属第一农场开展了高粱农家品种的征集和评比,证明多穗高粱产量高、适应性强,而且较耐旱,于1942年在边区内推广种植。那时大量的高粱地方品种都是零散地保存于农家。

(二)1949年之后

在全国范围内有组织地全面系统开展高粱品种资源搜集、整理、鉴定、评选、保存。1951年,全国开展了高粱地方良种的评选,专业科研人员初步征集一些散于农家的品种。经过整理、评选、鉴定出许多适应当地种植的优良品种,就地推广应用。例如,辽宁的打锣棒、小壳黄,吉林的红棒子,河北的竹叶青,山东的香高粱,河南的鹿邑歪头,安徽的西河柳,江苏的大红袍,湖北的矮子糯,新疆的精河红等。

1956年,全国首次开展大规模的有组织、有计划、有目的的高粱地方品种搜集工作。在高粱主产区共得到16842份地方品种,其中东北各省8306份,华北、西北、华中各省10536份。1978年,又在湖南、浙江、江西、福建、云南、贵州、广东、广西等八省(自治区)组织短期的高粱地方品种资源的考察、搜集,共收到地方品种300余份。1979—1984年,再一次在全国范围内进行高粱种质资源的补充征集,共征集到各种高粱资源2000余份。此外,还在西藏、新疆、湖北和湖南等省(自治区)农作物种质资源考察中,搜集到一些高粱地方品种。

在全国高粱品种资源征集保存的基础上,一些农业科研单位先后开展了高粱地方品种的整理、保存、鉴定和利用研究。1978年,东北地区的辽宁、吉林、黑龙江三省通过整理,调查和记载主要农艺性状,鉴定与育种有关的特征特性等,选出有代表性的高粱品种384份,编写成《中国高粱品种志·上册》;

1981 年，又从其他高粱产区的 21 个省（自治区、直辖市）的高粱品种资源中选出有代表性的高粱品种资源 664 份，编写成《中国高粱品种志·下册》。

1983 年，将 1981 年底以前全国 27 个省（自治区、直辖市）搜集、整理、鉴定、保存的高粱地方品种和部分育成的品种共 7597 份，编写成《中国高粱品种资源目录》。1985—1990 年，又将 1982 年以后，第三次全国补充征集的高粱品种资源整理出 2817 份，编写成《中国高粱品种资源目录·续编》。至此，从 1956 年到 1989 年征集、整理、保存的 10414 份中国高粱品种资源已全部完成注册工作，并保存在北京国家农作物种质资源基因库里。

截至 1990 年，中国已注册的 10414 份高粱品种资源，来自 28 个省（自治区、直辖市），其中地方品种 9652 份，育成品种（品系）762 份。按用途分，1992 年统计，食用高粱品种有 9895 份，饲用、工艺用高粱品种 394 份，甜高粱品种 125 份。高粱品种资源大多数分布在华北、东北等高粱主产区，超过 1000 份的有山西省、山东省和河南省；501～1000 份的有辽宁省、河北省、四川省、黑龙江省和内蒙古自治区；301～500 份的有吉林省；201～300 份的有陕西省、湖北省、安徽省、江苏省；100～200 份的有湖南省、云南省、甘肃省和北京市（表 2-1）。

表 2-1　高粱品种资源主要省（自治区、直辖市）分布数量

（乔魁多等，1992）　　　　　　　　　单位：份

省份	品种数	省份	品种数	省份	品种数
山西	1261	黑龙江	615	云南	120
山东	1199	吉林	460	甘肃	113
河南	1068	陕西	283	北京	110
辽宁	842	湖北	277	新疆	94
内蒙古	820	安徽	270	其他	1004
河北	803	江苏	252		
四川	695	湖南	128		

在已登记注册的 762 份育成品种（系）中，改良品种（系）199 份，成对的雄性不育系和保持系 136 份，恢复系 297 份，其他 130 份。从多到少的省份

依次是黑龙江403份、内蒙古88份、吉林56份、辽宁51份、河北46份(表2-2)。

表2-2　各主要省、自治区的育成的品种资源分布数目

(乔魁多等,1992)　　　　　　　　　　　　单位:份

省份	合计	改良品种(系)	不育系和保持系	恢复系	其他
全国	762	199	136	297	130
黑龙江	403	67	70	158	108
内蒙古	88	8	50	30	0
吉林	56	31	8	9	8
辽宁	51	15	6	24	6
河北	46	3	8	27	8

在已登记的10414份高粱品种资源中,编入《中国高粱品种志·上下册》的有1048份,编入《中国高粱品种资源目录》的有6549份,编入《中国高粱品种资源目录·续编》的有2817份,分别来自23个、27个和28个省(自治区、直辖市)(表2-3)。

表2-3　全国登记资源的注册分布

(乔魁多等,1992)

登记处	总份数(份)	地方品种(份)	育成品种(系)(份)				品种来自省数(个)
			合计	改良品种	成对A、B系	恢复系	
《中国高粱品种志·上下册》	1048	962	86	46	11	18	23
《中国高粱品种资源目录》	6549	6334	215	69	36	74	27
《中国高粱品种资源目录·续编》	2817	2356	461	94	90	187	28
合计	10414	9652	762	209	137	279	/

从表2-3的数字可以看出,在全国范围3次高粱品种资源征集中,虽然每次征集的品种都是以地方品种为多数,但随着征集面扩大,省份数逐渐增多,在非主产区征集的品种数量一次比一次增多。此外,征集的育成品种也是一次比一次增多,从86份增加到416份,表明我国随着高粱育种的开展,

正在不断地创造着新的种质资源,扩大高粱遗传多样性,这也反映出我国高粱品种资源的征集逐渐转向育成品种。要特别指出的是,在《中国高粱品种资源目录》中登记保存的糯高粱不育系资源张 2A、永糯 2A、哲帚不育系,甜高粱不育系哲甜 1A,四倍体高粱不育系 TX622A 及保持系 TX622B,四倍体高粱恢复系 3B-15 以及卡佛尔衍生型恢复系 378R 和 623R 等均是特殊种质资源。

20 世纪 80 年代以来,全国一些农业科研单位从国外引进了大量高粱种质资源。有的已在高粱科研、育种和生产上得到应用。同时,由于国内高粱育种的深入开展,也创造了一批新品种,在广泛征集、整理的基础上,继《中国高粱品种志·上册》《中国高粱品种志·下册》《中国高粱品种资源目录》《中国高粱品种资源·续编》之后,又编写出版了《全国高粱品种资源目录(1991—1995)》。

2000 年,继《全国高粱品种资源目录(1991—1995)》之后,又编写印刷了《全国高粱品种资源目录(1996—2000)》一书,供全国高粱科研、教学、生产单位参考。该目录共编入我国高粱种质资源 518 份,主要是"八五"期间在农作物资源考察中搜集到的,以及新征集的农家高粱品种,经过整理、鉴定后编入的。还有近年来农业科研单位新育成并已在生产上应用的或具有优良特征特性的品种(系)。该目录还编入国外引进的高粱种质资源 719 份。主要来源于印度、美国、澳大利亚等国。引入资源经过田间种植、观察、整理出较系统的农艺性状,并做了品质性状分析及抗逆性鉴定(参照国家高粱性状标准进行农艺性状整理、籽粒品质检测等),从中筛选出一批抗逆性强、品质优的品种资源,可直接提供给国内高粱科研单位应用。

我国高粱种质资源实行中央和地方双轨保存制度。现已登记注册的全部高粱种质资源皆存入中国农业科学院国家种质库长期保存。国家种质库采取低温密封式保存法。保存的种子纯度为 100％,净度 98％以上,发芽率85％以上。预计保存期达 30 年以上。国家种质库设有数据库,对入库的种质资源实行电子计算机管理。

由各省(自治区、直辖市)农业科学研究院地方保存的高粱种质资源有两种方式:一是各省(自治区、直辖市)的高粱种质资源按原产地分别由具代表性生态条件的市、地级农业科学研究所负责定期繁殖和保存,同时,省级农业科学研究院再保存一套全省完整的品种资源。二是全省的高粱品种资源集中在省级或市(地)级农业科学研究院(所)定期繁育和保存。如山东、河南两省的农业科学研究院分别保存各省的高粱种质资源。安徽省宿县地区农业科学研究所保存安徽省的高粱种质资源。江苏省徐州市农业科学研究所保存江苏省的高粱种质资源。由于各省(自治区、直辖市)资源保存的条件和设施不同,每次更换的时间需 3~10 年。如果轮种更新时间频繁,则在繁育过程中,或因技术措施不当造成机械混杂,或因遗传漂变而产生变异,使品种失纯,这是需要防止的问题。好在我国的双轨保存体系,能够使我国的高粱种质资源得以妥善保存。

二、高粱种质资源性状鉴定

自开展高粱品种资源征集工作以来,有关农业科研单位结合品种整理进行了性状的初步鉴定。从国家"六五"计划开始,高粱种质资源的性状鉴定在全国范围内有计划地开展起来,实行全面规划、统一方案,在分工的基础上密切协作。对高粱种质资源鉴定的性状有农艺性状、品质性状和抗性性状等。农艺性状包括芽鞘色、幼苗色、株高、茎粗、主脉色、穗型、穗形、穗长、穗柄长、壳色、颖壳包被度、粒色、穗粒重、千粒重、生育期、分蘖性;品质性状有蛋白质、赖氨酸、单宁含量和角质率;抗性性状有抗倒伏性和抗丝黑穗病。对部分种质资源鉴定的抗性性状还有抗干旱、水涝,耐瘠薄、盐碱、冷凉,抗蚜虫、玉米螟等。

我国高粱种质资源大部分分布在温带和寒温带,属温带型高粱。

(一)农艺性状

1. 生育日数和对温光反应

我国高粱地方品种与典型的热带高粱(非洲高粱、印度高粱)有明显不同。我国高粱的平均生育日数为 113 天,多数为中熟种。生育日数最长的如新疆吐鲁番的甜秆大弯头,为 190 天;其次为云南蒙自的黑壳高粱,为 171 天。其他有新疆鄯善的青瓦西、吐鲁番的绵秆大弯头,均为 170 天。有约 900 份我国高粱地方品种生育日数不足 100 天,其中最短的山西大同的棒洛三从播种至成熟仅为 80 天,新育成的夏播改良品种商丘红 81 天。

我国高粱地方品种多数对光照和温度反应不甚敏感,短光照(10 小时以内)条件下,其生育日数缩短不多,属中间反应类型。一般来说,高纬度地区的早熟品种对温光反应迟钝,在 10 小时光照下种植其生育日数只缩短 5 天左右;如河北宣化的武大郎,山西天镇的棒锤红,江苏兴化的矮老儿,山西祁县的昭密白、小荬子,山东菏泽的鸭子够,辽宁本溪的小黄壳等。相反,低纬度地区的一些品种,如海南、云南、新疆等省(自治区)的高粱地方品种对温光反应敏感。这类品种有云南镇雄的马尾高粱、云南蒙自的弯把高粱、湖南郴县的饭白高粱等,在长光照和稍低温度栽培条件下,其生育日数可延长 40 天以上,表现幼苗匍匐,拔节延迟。尽管如此,它们对温光的反应还远不如典型的热带高粱那样强烈。许多来自非洲和印度的高粱品种在我国北京、沈阳种植不能抽穗。我国高粱品种的熟性表现表明,它们之中控制早熟性的主基因频率较高。

2. 植株性状

我国高粱品种普遍高大,平均植株高度为 271.7 厘米,最高的安徽宿县大黄壳为 450 厘米。低于 100 厘米的极矮秆品种有 38 份,如吉林辉南的黏高粱 63 厘米,台湾的澎湖红 78 厘米,新疆玛纳斯的矮红高粱 80 厘米。我国高粱品种平均茎粗 1.46 厘米,最粗的湖北南漳的六十日早黄高粱 3.7 厘米。我国高粱地方品种茎秆粗大的原因是长期人工选择的结果,因为人们需要我国高粱茎秆作架材、建材和烧材。我国高粱品种的茎秆多是髓质,成熟时含水量和含糖量极低,多为干燥型。多数品种茎秆质量好,韧性较强。我国高粱品种分蘖性弱,或基本不分蘖。茎秆高大对提高籽粒产量、增加种植密度和防止倒伏是一种限制因素。而且,茎秆的杂种优势表现出很高的正优势。因此,在组配高粱杂交种时,要十分重视对矮秆品种资源和矮秆基因的利用。我国的高粱叶片的主脉多数为白色,而黄色叶脉及蜡脉品种很少。

3. 穗部性状

我国高粱的穗型和穗形种类较多,其分布也是颇有规律性。北方的高粱品种多为紧穗纺锤形和紧穗圆筒形;从北向南,逐渐变为中紧穗、中散和散穗,穗形为牛心形、棒形、帚形和伞形。在南方高粱栽培区里,散穗帚形和伞形品种占大多数。紧穗品种的穗长在 20～25 厘米,几乎没有超过 35 厘米的。散穗品种的穗子较长,一般在 30 厘米以上,多在 35~40 厘米。工艺用的品种穗子更长,可达到 80 厘米,如黑龙江延寿的绕子高粱。

4. 单穗产量性状

我国高粱平均穗粒重 50.27 克。单株籽粒产量达 110 克以上的品种有 53 份,其中以甘肃平凉的平杂 4 号最高,达 174 克,其次有新疆托克逊的矮弯头和新疆哈密的白高粱,达 160 克。超过 140 克的有新疆鄯善的巴旦木,新疆吐鲁番的绵秆大弯头,新疆疏附的和克尔和白高粱,山西临汾的红二关,辽宁大连的黑壳。很显然,这类高粱种质资源多来自新疆,其单株籽粒产量高与那里的光照充足、昼夜温差大等有关。

单株籽粒产量低的有湖北竹山的小甜秆,河北承德的千斤红,单穗粒重 8~9 克;最低的四川璧山的黏高粱,仅有 6.1 克。单穗粒重的高低与穗粒数和千粒重密切相关。根据 800 份高粱品种样本的检测分析结果表明,我国高粱地方品种的单穗籽粒数变化于 2200~2500 粒,多者可达 4000 粒以上。我国高粱种质资源平均千粒重为 24.03 克。千粒重超过 35 克的品种有 130 份。例如,50 克以上的有山东滋阳的大红袍,为 51 克;新疆哈密的 632 号高粱,为 52.5 克;山西翼城的牛尾巴高粱,为 53.6 克。一般来说,长江以南的高粱品种千粒重偏低,而新疆、辽宁和山西等干旱地区的品种粒重偏高。

5. 籽粒性状

我国高粱品种的籽粒颜色主要有褐、红、黄、白四种,以红色粒最多,共 3541 份,占 34%。从北方向南方,深颜色籽粒品种的数量越来越少。高粱颖壳色有黑、紫、褐、红、黄、白六种。最多是红壳,有 3070 份,占 29.5%;其次是黑壳,2988 份,占 28.7%。壳色的分布是春播区以黑壳品种居多,南方种植区以紫、褐色壳品种居多。我国高粱食用品种有 70% 以上是软壳型,籽粒包被度较小,易脱粒。从北方到南方,硬壳型品种和籽粒包被度大的品种逐渐增多。

(二)籽粒品质性状

我国高粱品种长期作食用,因此食用品质、适口性普遍较优。在《中国高粱品种志》所编的 1048 份品种中,食味优良的品种有 400 余份,占 38.2%。据现有籽粒营养成分检测结果表明,我国高粱品种籽粒的蛋白质平均含量为

11.26%(8404 份样本平均数),赖氨酸含量占蛋白质的 2.39%(8171 份样本平均数),单宁含量为 0.8%(7173 份样本平均数)。有 64 份品种的蛋白质含量在 15%以上。赖氨酸含量的蛋白质占比超过 4%的有 61 份。代表性的品种有山西忻州的忻粱 80,为 4.76%;内蒙古哲里木盟的大白脸,为 4.2%。这些高赖氨酸含量品种的籽粒形态正常,适合我国气候条件栽培。从高赖氨酸含量品种选育的角度出发,这些品种的籽粒形态优于原产于埃塞俄比亚的高赖氨酸资源。

（三）抗逆性状

高粱是抗逆境能力较强的作物,如抗旱、耐冷、耐盐碱、耐瘠薄、抗病虫害等。

1. 抗旱性

用反复干旱法测定我国高粱品种苗期水分胁迫后恢复能力时,从 6877 份品种资源中筛选出 229 份品种有较强的恢复力。这些品种经 3～4 次反复干旱处理后,幼苗存活率仍达 70%以上。例如,山西榆次的二牛心、内蒙古鄂尔多斯市的大红蛇眼等。经全生育期水分胁迫处理后调查,在 1000 余份高粱地方品种中有 6%左右的抗旱系数高于 0.5,单株产量因干旱降低不到 50%。其中表现较好的有内蒙古鄂尔多斯市的短三尺、山西长治的上亭穗等。

2. 耐冷性

用低温发芽鉴定我国高粱品种资源的耐冷性结果表明,在 5～6℃的低温条件下发芽率较高的品种有黑龙江双城的平顶香、黑龙江呼兰的黑壳棒等。利用田间早春低温和人工气候箱低温鉴定 9000 余份我国高粱品种资源的苗期耐冷性,根据相对出苗率、出苗指数比、幼苗干重比三项指标综合评定耐冷等级,结果查明有 208 份品种苗期耐冷性为一级。例如,山西高平的红皮红高粱、黑龙江克山的大红壳、辽宁锦州的条帚糜子等。利用晚秋自然低温对 1000 份我国高粱品种资源进行灌浆期耐冷性鉴定,根据穗粒干重比、日干物质积累量比、千粒重比三项指标综合评价耐冷等级,结果有辽宁新金的黑扫苗、辽宁朝阳的长穗黄壳白、黑龙江合江的大蛇眼为二级以上耐冷性。我国高粱品种资源耐冷的材料较多,耐冷性较强。

杨立国等(1992)对1292份我国高粱进行苗期耐冷性鉴定,并对其中857份做了灌浆期耐冷性鉴定。筛选出苗期二级耐冷品种7份,灌浆期达二级耐冷品种8份,如锦粱9-2、白高粱、二牛心等。

3. 耐盐性

1980年,在内陆盐碱地(0~15厘米土层全盐量达0.5%,氯离子含量为2%)对644份我国高粱品种资源进行鉴定查明,出苗率60%以上,苗期黄叶率5%以下,死苗率4%以下,表现出较高耐盐能力的品种有江苏兴化的吊煞鸡、河北承德的红窝白、山东新泰的独角虎等。1985—1990年,用2.5%氯化钠(NaCl)盐水发芽,以处理与对照的发芽百分率计算耐盐指数,根据耐盐指数划分抗盐等级,对6500余份我国高粱品种资源做了芽期耐盐性鉴定。结果表明,耐盐指数为0~20%,抗盐等级为一级的耐盐品种有528份。在滨海盐土试验地于三叶一心期浇灌盐水或于盆栽内用1.8%的氯化钠(NaCl)＋氯化钙(CaCl$_2$)(7∶3)的盐水于三叶一心苗期浇灌的方法,对6500份我国高粱品种资源进行苗期耐盐性鉴定,根据死叶率和死苗率划分耐盐等级,结果表明属一级的有3份,二级的有19份,绝大多数苗期均不耐盐。

4. 耐瘠薄性

我国高粱品种的耐瘠性有较大差异。在土壤有机质含量0.82%,水解氮38.25毫克/千克,有效磷2.30毫克/千克,速效钾94.85毫克/千克的瘠薄土壤条件下,对9883份我国高粱品种资源作耐瘠性鉴定试验。结果表明,开花期延迟1~7天,能正常成熟,单穗粒重比正常的降低不到50%的属一级,共有592份,占总数5.9%。例如,辽宁朝阳的八月齐、山西孝义的木鸽窝、内蒙古哲里木盟的小白脸等。这些耐瘠性强的品种多为茎秆较矮、较细、生育期较短的早熟品种,通常都是产自东北、西北和华北土壤瘠薄地区。

5. 抗病虫性

高粱丝黑穗病、高粱蚜虫和亚洲玉米螟是危害我国高粱生产的主要病害和虫害。王志广(1982)对来自全国23个省(自治区、直辖市)的1016份我国高粱品种资源进行了抗高粱丝黑穗病鉴定研究。结果表明,0级不发病的品种有4份,占鉴定品种总数0.04%,如广西桂阳的莲塘矮、湖南巴马的东山红高粱;1级高抗品种有 31 份,占总数的 3.0%,如辽宁建昌的白老雅座、吉林白城的大红壳、内蒙古伊克昭盟的大青粮;2 级抗病品种 72 份,占总数的 7.0%,如辽宁朝阳的青壳白、黑龙江绥化的大蛇眼、河北抚宁的愣头青;3 级中抗品种有 311 份,占总数 30.6%;4 级感病品种 276 份,占总数 27.2%;5 级高感病品种 322 份,占总数 31.7%。

王富德等(1993)对已登记的 9000 余份我国高粱品种资源进行丝黑穗病抗性的人工接种鉴定。结果表明,我国高粱品种的绝大多数不抗丝黑穗病。在这批品种中,对丝黑穗病免疫的有 37 份,占鉴定品种总数的 0.4%。这些品种可分为三类,一类是经长期在我国栽培驯化的外国高粱品种,如河南西华的九头鸟,河北深州市的多穗高粱、白多穗高粱、辽宁阜新的八棵权等。二类是新育成品种,如山西汾阳的汾 9,吉林公主岭的吉公系 10 号、吉公系 13 等。三类是我国高粱地方品种,如湖南安乡的白玉粒等。

采用人工接种高粱蚜方法鉴定了约 5000 份我国高粱品种资源,其中只有极少数(大约 0.3%)的品种对高粱蚜有一定抗性。经反复鉴定证明 5-27 是抗蚜虫的。它是近年育成的一个恢复系,其抗高粱蚜的特性与美国品种 TAM428 有关。

采用人工接种玉米螟虫和自然感虫玉米螟的方法对 5000 份我国高粱品种资源进行抗玉米螟鉴定,结果表明约有 0.2%的品种对玉米螟具有一定的抗性,如山西孝义的小高粱,山西昔阳的红壳高粱,辽宁阜新的薄地高,山东成武的白高粱等。同时,对上述一病二虫进行综合鉴定的 3500 余份高粱品种中,没发现有兼抗一病和二虫的抗性品种。但是,发现山东诸城的黄罗伞和山东梁山的散码高粱对一病和一虫为高抗。

卢庆善等(1989)首次对 38 份我国高粱品种资源进行了抗高粱霜霉病 [*Peronosclerospora sorghi* (Weston and Uppal) Shaw]鉴定。结果表明,全部鉴定的 19 份我国高粱地方品种为高感类型,平均感病率为 98.7%,感病率最低的为河北隆化的白矮子,辽宁阜新的大白壳,均为 96.2%;在鉴定的 19 份高粱恢复系中,也全部为高感类型,其中感病率最低的是晋辐 1 号,为 50%;其次是晋 5/晋 1,为 77.5%。上述结果表明我国高粱品种资源可能没有抗高粱霜霉病的抗源。

三、高粱品种优异资源

自 20 世纪 70 年代起,我国就开始有计划地进行高粱种质资源的性状鉴定,鉴定的规模越来越大,鉴定的品种数量和项目越来越多。截至 1995 年,基本上已做完了登记的我国高粱品种资源的农艺性状、籽粒品质性状、抗逆性状和部分病虫抗性的鉴定,并筛选出一批优异种质资源。

(一)农艺性状

1. 特高秆品种资源

在 10414 份已登记的品种资源中,株高超过 400 厘米的品种有 110 份。最高的安徽宿县的大黄壳,高达 450 厘米,其次是湖北枣阳的白高粱,高达447 厘米(表 2-4)。

表 2-4　中国高粱品种资源中特高秆品种(部分)

(王富德等,1993)

国家编号	品种名称	株高(厘米)	原产地	保存单位
8852	大黄壳	450	安徽宿县	宿县地区农业科学研究所
6935	白高粱	447	湖北枣阳	湖北省农业科学院
5596	高粱	436	山东黄县	山东省农业科学院
641	关东青	435	河北乐亭	唐山地区农业科学研究所
6995	铁籽高粱	434	湖北当阳	湖北省农业科学院
10382	长扫形高粱	434	陕西旬邑	宝鸡市农业科学研究所
577	白高粱	430	山东莱阳	山东省农业科学院
1684	喜鹊白	430	河北兴隆	唐山地区农业科学研究所
7669	白高粱	429	河北玉田	唐山地区农业科学研究所
1042	狼尾巴	428	山西阳曲	山西省农业科学院

2. 特矮秆品种资源

在已登记的 10414 份高粱品种资源中,株高矮于 100 厘米的有 49 份。最矮的吉林辉南黏高粱,为 63 厘米;其次是山西阳曲的万斤矮,为 76 厘米;台湾的澎湖红,为 78 厘米(表 2-5)。

表 2-5　中国高粱品种资源中特矮秆品种（部分）

（王富德等，1993）

国家编号	品种名称	株高（厘米）	原产地	保存单位
8485	黏高粱	63	吉林辉南	吉林省农业科学院
7872	万斤矮	76	山西阳曲	山西省农业科学院
9983	澎湖红	78	台湾	辽宁省农业科学院
957	矮红高粱	80	新疆玛纳斯	新疆农业科学院
479	小白矮高粱	85	新疆阿克苏	新疆农业科学院
2392	棒洛三	88	山西大同	山西省农业科学院
2851	哲恢 27	91	内蒙古哲里木盟	哲里木盟农业科学研究所
796	鸭子够	92	山东菏泽	山东省农业科学院
8070	复播高粱	93	山西黎城	山西省农业科学院

3. 特长穗品种资源

我国高粱品种资源中有紧穗、散穗、帚形穗、伞形穗等。紧穗品种的穗长一般在 20～25 厘米，几乎没有超过 35 厘米的；散穗品种的穗长多在 38 厘米以上，以 35～40 厘米居多；帚形穗和伞形穗的穗长在 50 厘米以上，最长的黑龙江延寿的绕子高粱、湖南宜章的矮高粱，穗长达 80 厘米（表 2-6）。在我国高粱品种资源里，穗长超过或等于 30 厘米的品种有 3298 份，占总数的 31.7%；大于等于 50 厘米的 97 份，占总数的 0.9%。

表 2-6　中国高粱品种资源中特长穗品种（部分）

（王富德等，1993）

国家编号	品种名称	穗长（厘米）	原产地	保存单位
372	绕子高粱	80.0	黑龙江延寿	黑龙江省农业科学院
10222	矮高粱	80.0	湖南宜章	湖南省农业科学院
2179	软菱子	79.5	山西武乡	山西省农业科学院
3290	红黄壳	72.0	辽宁朝阳	朝阳水保所
10220	矮秆高粱	72.0	湖南双牌	湖南省农业科学院
7431	黄壳菱子	70.9	山西榆社	山西省农业科学院
10221	矮高聚	70.0	湖南临武	湖南省农业科学院
7432	黄笤帚菱	68.8	山西昔阳	山西省农业科学院

续表

国家编号	品种名称	穗长（厘米）	原产地	保存单位
7428	狼尾巴	67.3	山西昔阳	山西省农业科学院
1105	海淀红	64.7	北京海淀	中国农业科学院作物品种资源研究所

4. 特大单穗粒重品种资源

在我国高粱品种资源中，单穗粒重≥100 克的品种有 113 份，占总数的 1.09%。单穗粒重最大的是新疆鄯善的大弯头，达 163.5 克，其次是新疆哈密的白高粱，达 160 克（表 2-7）。从表 2-7 中的数字可以看出，新疆地区的高粱品种单穗粒重通常都高。在单穗粒重≥140 克的 11 份高粱品种中，产自新疆的有 9 份，占总数占 81.8%。

表 2-7　中国高粱品种资源中特大穗粒重品种（部分）

（王富德等，1993）

国家编号	品种名称	单穗粒重（克）	原产地	保存单位
9942	大弯头	163.5	新疆鄯善	哈密地区农业科学研究所
7289	白高粱	160.0	新疆哈密	吐鲁番地区农业科学研究所
959	矮弯头	160.0	新疆托克逊	吐鲁番地区农业科学研究所
881	绵秆大弯头	155.0	新疆吐鲁番	吐鲁番地区农业科学研究所
9955	朋克	152.7	新疆伽师	哈密地区农业科学研究所
7288	白高粱 4	145.0	新疆疏附	吐鲁番地区农业科学研究所
9966	矮弯头	142.0	新疆鄯善	哈密地区农业科学研究所
3537	黑壳	141.0	辽宁旅大	熊岳农业科学研究所
2069	红二关	140.0	山西临汾	中国农业科学院作物品种资源研究所
756	和克尔高粱	140.0	新疆疏附	新疆农业科学院
529	巴旦木	140.0	新疆鄯善	吐鲁番地区农业科学研究所

5. 特大粒重的品种资源

在我国高粱品种资源中，千粒重≥35 克的品种有 146 份，占总数的 1.4%。最大千粒重是黑龙江勃利的黄壳，达 56.2 克；其次是山西翼城牛尾巴高粱，达 53.6 克（表 2-8）。

表 2-8　中国高粱品种资源中特大粒重品种（部分）

（王富德等，1993）

国家编号	品种名称	千粒重（克）	原产地	保存单位
4465	黄壳	56.2	黑龙江勃利	合江地区农业科学研究所
7893	牛尾巴高粱	53.6	山西翼城	山西省农业科学院
9937	632 号	52.5	新疆哈密	哈密地区农业科学研究所
5559	柳子高粱	52.0	山东新泰	山东省农业科学院
4852	红柳子	51.7	安徽亳县	宿县地区农业科学研究所
5081	大红袍	51.0	山东滋阳	山东省农业科学院
5087	大红袍	49.0	山东泗水	山东省农业科学院
584	白高粱	48.0	新疆疏勒	新疆农业科学院
7116	铁心高粱	46.6	四川江津	水川地区农业科学研究所
10323	铁沙链	44.6	山西武乡	山西省农业科学院

6. 特早熟品种资源

在我国高粱品种资源中，生育期不足 100 天的品种约 900 份，占总数 8.6%，其中生育期最短的山西大同的棒洛三，从播种到成熟仅 80 天，河南商丘育成的夏播改良高粱品种商丘红，仅 81 天（表 2-9）。

表 2-9　中国高粱品种资源中特早熟品种（部分）

（王富德等，1993）

国家编号	品种名称	生育日数（天）	原产地	保存单位
2392	棒洛三	80	山西大同	山西省农业科学院
9029	商丘红	81	河南商丘	商丘地区农业科学研究所
6983	高粱	81	湖北五峰	湖北省农业科学院
7932	白高粱	84	山西天镇	山西省农业科学院
7616	老母猪抬头	84	北京	中国农业科学院作物品种资源研究所
7931	白高粱	85	山西浑源	山西省农业科学院
7933	白高粱	85	山西天镇	山西省农业科学院
9028	老雅座	85	河南息县	河南省农业科学院
8164	黑高粱	85	山西山阴	山西省农业科学院

7. 特晚熟品种资源

在我国高粱品种资源中,生育期≥150 天的品种有 37 份,占总数的 0.4%。其中生育日数最长的是云南墨江的迟白高粱,达 191 天;其次是新疆吐鲁番的甜秆大弯头,达 190 天(表 2-10)。

表 2-10 中国高粱品种资源中特晚熟品种(部分)

(王富德等,1993)

国家编号	品种名称	生育日数(天)	原产地	保存单位
10019	迟白高粱	191	云南墨江	云南省农业科学院
1013	甜秆大弯头	190	新疆吐鲁番	吐鲁番地区农业科学研究所
913	黑壳高粱	171	云南蒙自	辽宁省农业科学院
10267	大甜高粱	171	陕西石泉	宝鸡市农业科学研究所
742	青瓦西	170	新疆鄯善	吐鲁番地区农业科学研究所
881	绵秆大弯头	170	新疆吐鲁番	吐鲁番地区农业科学研究所
10281	甜秆高粱	169	陕西石泉	宝鸡市农业科学研究所
10267	红粒大甜高粱	167	陕西平利	宝鸡市农业科学研究所
10280	甜秆高粱	167	陕西平利	宝鸡市农业科学研究所
666	红壳饭高粱	163	云南新平	辽宁省农业科学院

(二)品质性状

1. 高蛋白品种资源

我国高粱品种历来以食用为主,因此食用品质、适口性外,籽粒蛋白质含量也高,在 10414 份中国高粱品种资源中,籽粒蛋白质含量超过 13% 的有 1050 份,占总数的 10.1%。最高的是黑龙江巴彦的老瓜登,蛋白质含量达 17.10%;其次是河北秦皇岛的黄黏高粱,蛋白质含量 16.64%(表 2-11)。

表 2-11 中国高粱品种资源中高蛋白品种(部分)

(王富德等,1993)

国家编号	品种名称	蛋白质含量(%)	原产地	保存单位
4276	老瓜登	17.10	黑龙江巴彦	黑龙江省农业科学院
1602	黄黏高粱	16.64	河北秦皇岛	唐山地区农业科学研究所

续表

国家编号	品种名称	蛋白质含量(%)	原产地	保存单位
1625	黑壳白	16.60	河北平泉	唐山地区农业科学研究所
6750	黑老婆翻白眼	16.58	河南邓县	中国农业科学院作物品种资源研究所
4175	平顶香	16.40	黑龙江巴彦	黑龙江省农业科学院
7798	落高粱	16.33	河北徐水	唐山地区农业科学研究所
8221	小红高粱	16.33	内蒙古赤峰	赤峰市农业科学研究所
10338	长枝红壳帚帚糜子	16.30	吉林辉南	吉林省农业科学院
10404	散散高粱	16.30	陕西定边	宝鸡市农业科学研究所
1026	扫帚高粱	16.30	新疆乌苏	新疆农业科学院

2. 高赖氨酸品种资源

在我国高粱品种资源中,百克蛋白质中赖氨酸含量达到或超过 3.5% 的品种有 209 份,占总数的 2.0%。赖氨酸含量最高的是江西广丰的矮秆高粱,湖南攸县的湘南矮和山西忻州的忻粱 80,均达到 4.76%(表 2-12)。

表 2-12　中国高粱品种资源中高赖氨酸品种(部分)

(王富德等,1993)

国家编号	品种名称	赖氨酸含量(%)	原产地	保存单位
8900	矮秆高粱	4.76	江西广丰	九江市农业科学研究所
10209	湘南矮	4.76	湖南攸县	湖南省农业科学院
732	沂粱 80	4.76	山西忻州	山东省农业科学院
2581	大白脸	4.73	内蒙古奈曼	哲里木盟农业科学研究所
10357	马壳高粱	4.71	江西横丰	九江市农业科学研究所
9080	食用高粱	4.65	湖北枣阳	湖北省农业科学院
10084	红黏高粱	4.58	天津宁河	天津市农业科学院
10157	红高粱	4.56	湖南双牌	湖南省农业科学院
2578	大白脸	4.54	内蒙古科尔沁	哲里木盟农业科学研究所
8901	矮秆高粱	4.54	江西龙南	九江市农业科学研究所

3. 低单宁品种资源

我国高粱品种资源籽粒单宁含量幅度为 0.02%～3.29%,低于 0.3% 的有 30 份。单宁含量为 0.02% 的仅有 3 份,分别为北京的北京白和北平黑壳白,北京昌平的白鞑子帽(表2-13)。

表 2-13　中国高粱品种资源中低单宁品种(部分)

(王富德等,1993)

国家编号	品种名称	单宁含量(%)	原产地	保存单位
1059	北京白	0.02	北京	中国农业科学院作物品种资源研究所
1075	北平黑壳白	0.02	北京	中国农业科学院作物品种资源研究所
1081	白鞑子帽	0.02	北京昌平	中国农业科学院作物品种资源研究所
1885	小红高粱	0.03	山西离石	山西省农业科学院
94	牛心白	0.03	辽宁义县	锦州市农业科学研究所
10154	兴隆高粱	0.03	湖南兴隆	永顺县农业科学研究所
10081	白高粱	0.03	天津宝坻	天津市农业科学院
9967	矮弯头	0.03	新疆鄯善	哈密地区农业科学研究所
9955	朋克	0.03	新疆伽师	哈密地区农业科学研究所
8383	黄窝白	0.03	内蒙古喀喇沁	赤峰市农业科学研究所

(三) 抗性性状

1. 抗干旱品种资源

迄今为止,我国还没有全部完成已登记的10414份品种的抗旱性鉴定。1980—1983年,牛天堂等采用人工致旱方法对1009份品种资源进行全生育期抗旱性鉴定。结果表明,抗旱指数达到50%以上1级标准的有62份,占鉴定总数的6.1%。1985—1986年,中国农业科学院作物品种资源研究所采用反复干旱法对3500份高粱品种的苗期进行抗旱鉴定,结果有56份品种经4次干旱后仍有70%以上的存活率。

2. 抗水涝品种资源

1979—1980年,王志广等对435份我国高粱品种进行抗水涝鉴定。采用苗期和拔节期水淹处理。根据黄叶率,干物质日平均积累量和千粒重等性状将品种抗水涝性划分为极抗、抗、中抗、不抗和极不抗五级。初步鉴定表明,1级极抗品种20份,占鉴定品种总数的4.6%。

3. 耐盐品种资源

高粱耐盐能力强,对高粱品种资源进行耐盐性鉴定,从中筛选耐盐力更强的材料直接用于生产或为抗盐育种提供亲本,对盐碱地的开发和扩大高粱种植面积有重大意义。

王志广等(1982)对 546 份我国高粱品种资源做了耐盐性鉴定。鉴定地块为内陆盐土,0~15 厘米土层含盐量 0.5155%,氯离子含量为 0.246%。结果发现有 16 份品种 1 级耐盐标准,即出苗率在 60%以上,苗期黄叶率在 5%以下,表现出较高的耐盐能力。1985—1986 年,中国农业科学院作物品种资源研究所在山东省昌邑县莱州湾畔的海上鉴定了 3692 份高粱地方品种的苗期耐盐性。张世苹于 1987—1989 年对 2085 份高粱种进行了芽期和苗期耐盐性鉴定。鉴定出耐盐性为 1 级的品种有 10 个。

4. 耐冷品种资源

我国北方高粱主产区时有低温冷害发生,由于长期进化形成了耐冷凉的高粱品种资源。我国高粱品种比外国的更耐苗期低温,具有发芽温度低、出苗快、幼苗生长快、长势强的特点。

龚文娟(1979)对 400 份我国高粱地方品种做低温发芽鉴定时发现,有 20 多份品种在 5~6℃条件下仍有较高的发芽率。马世均等(1981)对 115 份高粱品种在 4℃、6℃和 8℃条件下进行发芽试验。结果是在 4℃下萌发达 80.1%~100%的有 1 份,在 6℃和 8℃下达到同样萌发率的分别有 13 份和 23 份。

赵玉田(1985)对 1275 份高粱品种进行苗期耐冷性鉴定,结果表明苗期耐低温较照的品种有 259 份,占鉴定总数的 20.4%;后期耐冷的品种 183 份,占总数的 19.4%。杨立国等(1992)对 1292 份高粱品种进行苗期耐冷性鉴定,对其中的 857 份又进行灌浆期耐冷性鉴定。结果发现,苗期达 2 级的耐冷品种 7 份,占总数的 0.54%;灌浆期达 2 级耐冷的 8 份,占总数的 0.93%。

5. 耐瘠品种资源

1984 年,牛天堂等采取推掉表土,利用犁底土的方法,在 0~30 厘米土层中全氮量 0.022%~0.035%、全磷量 0.025%~0.135%、全钾量 2.289%~

2.500‰薄土壤上种植高粱品种。根据品种开花期比对照延迟开花的日数、花序退化、籽粒结实、植株是否自然枯死等指标,将耐瘠性分为 5 级,1 级的延迟开花日数比对照多,占总数的 30％,但能正常成熟;5 级是植株不能抽穗开花,或拔节后自行枯死。1985 年,赵学孟又鉴定了 3438 份高粱品种,结果 1 级品种 374 份,占总数的 8.4％。

6. 抗高粱丝黑穗病品种资源

在我国高粱品种资源中,抗高粱丝黑穗病的品种较少,只有 37 份品种对其免疫,约占总数 10414 份的 0.35％。

7. 抗高粱蚜品种资源

我国高粱品种资源抗高粱蚜的资源较少。对近 5000 份我国高粱品种进行抗高粱蚜鉴定,只有少数几份品种表现出有一定抗性。在人工接种高粱蚜虫的鉴定下表现抗性的只有 1 份,另只有几份我国高粱达到 2 级抗高粱蚜标准。

8. 抗玉米螟品种资源

在我国高粱品种资源中,抗玉米螟的品种很少。在对 5000 份我国高粱品种进行抗玉米螟的自然感虫和辅助人工接虫鉴定后发现,约有 0.2％的品种对玉米螟具有一定的抗性。属 1 级抗螟的品种仅有山东平原的黑壳打锣棒和河南方城的黑壳骡子尾。

四、湖北省高粱种质资源概况

高粱在湖北省的分布广泛,几乎各县(市、区)都有种植。近年来,随着高粱产业化的发展,湖北省高粱种植面积也连年增加。湖北省位于长江中游,全省河流、湖泊遍布,降雨丰沛,光能充足,热量丰富,雨热同季,适合农作物生长。湖北省地貌类型多样,山地、丘陵、岗地和平原兼备,地势高低相差悬殊,其中山地约占全省总面积的 56％,省内不同地区地形、气候差异较大。适宜的气候特征和复杂多样的地形结构,孕育了丰富的地方高粱种质资源。

(一)湖北省高粱的调查、搜集与保存

湖北省农作物种质资源中期库现保存编目高粱种质资源共计 524 份,均

为湖北省地方种质资源。其中 212 份为 1986—1989 年"神农架及三峡地区种质资源考察"行动中搜集,88 份为 2015—2022 年间"第三次全国农作物种质资源普查与收集"以及"湖北省第三次农作物种质资源普查与收集"行动中,在全省范围内采集。其余 224 份高粱种质具体采集年代已不可考,可能为 1986 年以前开展的两次全国农作物种质资源普查行动中采集,也可能是科研人员在资源工作中小范围零星采集。

现存的 524 份高粱种质资源来源于湖北省 59 个县(市、区),全省最南端的通城县、最北端的十堰市郧阳区、最西端的利川市、最东端的黄梅县都有高粱种质的分布,可见高粱在湖北省种植较为广泛。湖北高粱种质资源在各地分布数见表 2-14。其中高粱种质分布数最多的几个地区是竹溪县(34 份)、武汉市(29 份)、房县(23 份)、恩施市(22 份)、神农架林区(22 份)、秭归县(22 份),除武汉市外均位于鄂西北的秦巴山区及鄂西南的武陵山区。鄂西山区的高粱地方品种数量丰富、类型复杂,原因是高粱在当地种植历史较长,曾大面积推广杂交高粱,但因当时杂交高粱品种食味及产量均欠佳,未能普及。当地高粱地方品种适应性好,耐逆抗病性强,大多数品种帚、粒两用,较好地满足当地农民需求而被保存了下来。

表 2-14 湖北省高粱种质资源在各县(市、区)分布数

采集地	资源数(份)	采集地	资源数(份)	采集地	资源数(份)
巴东	10	利川	7	兴山	11
保康	11	罗田	6	宣恩	9
崇阳	6	麻城	8	阳新	10
大悟	11	仙桃	4	宜昌	18
大冶	1	南漳	14	宜城	3
当阳	15	赤壁	1	宜都	8
恩施	22	蕲春	6	广水	9
房县	23	潜江	1	英山	8
公安	2	神农架	22	远安	3
谷城	7	随县	2	郧县	4
襄阳	19	天门	1	枣阳	10

采集地	资源数（份）	采集地	资源数（份）	采集地	资源数（份）
武穴	2	通城	1	长阳	12
鹤峰	8	通山	6	枝江	9
红安	4	五峰	13	钟祥	4
洪湖	8	武汉	29	竹山	16
黄冈	1	咸丰	9	竹溪	34
黄梅	7	新洲	2	秭归	22
嘉鱼	2	黄陂	1	浠水	5
建始	11	团风	1	丹江口	6
来凤	6	松滋	3	未知采集地	8

资料来源：湖北省农业科学院粮食作物研究所。

（二）湖北省高粱品种资源的鉴定

湖北省迄今开展过两次较为系统的高粱种质资源鉴定评价。一次是1990年湖北省农业科学院联合中国农业科学院当时的作物品种资源研究所，对神农架及三峡地区采集到的212份高粱种质资源进行农艺性状、品质性状、耐渍、抗螟虫性状进行的初步研究（吴怀祥等，1991）；另一次是2006年由湖北省农业科学院粮食作物研究所对湖北省436份高粱地方种质资源进行的主要农艺性状评价（李莉等，2017）。

1. 神农架及三峡地区212份高粱种质资源初步研究

（1）株高。该研究发现，212份鄂西高粱地方品种，植株普遍较为高大，77.4%为高秆和极高秆品种，平均株高达3.1米。其中株高最高的是采集自房县的本地高粱，达到4.35米，株高超过3.5米的特高秆品种有68个，其中株高超过4.0米的有24个；株高最矮的是采集自恩施州与奉节县交界处的矮子高粱，株高为1.20米，株高低于1.5米的矮秆品种仅有3个，没有低于1米的极矮秆品种。

（2）生育期。在生育期方面，早熟资源偏多。平均生育期为119.6天，最短为99天，最长为153天。

（3）穗形。穗形方面，以伞形、纺锤形居多，占94.3%。穗型偏散，散型和中散型占88.7%。

（4）主穗粒重及千粒重。在主穗粒重和千粒重方面，212份鄂西高粱品种均偏低，缺乏特大粒重及特大穗重的品种。千粒重平均值为23.8克，其中小粒和极小粒品种占64.6%，千粒重最大的是采集自神农架的高秆青（37.4克），最小的是鹤峰的甜高粱（仅13.8克）。

（5）品质性状。在品质方面，仅选取20个品种，测定籽粒淀粉和蛋白质含量。初步发现神农架及三峡地区高粱品种淀粉含量高，蛋白质含量低，可能是由于当地高粱常用于酿酒，农民根据需要人工选择导致的。

（6）抗性。初步发现该地区大部分品种耐渍性强，占92.4%。另有50份种质具有较强的螟虫抗性。

2. 湖北省436份高粱地方种质农艺性状评价

（1）株高。高秆种质丰富，矮秆种质较少。在调查的436份高粱种质中，没有特矮秆种质；1.0～1.5米的矮秆品种仅有2份；1.51～2.5米的中秆品种有94份，占21.6%；2.51～3.5米的高秆品种有218份，占50.0%；3.5米以上的特高秆品种有218份，占28.0%。

（2）生育期。生育期小于90天的特早熟品种有6个，占1.4%；生育期在90～110天的有154个，占35.3%；生育期＞110天的有276个，占63.3%；没有生育期超过150天的特晚熟品种。

（3）穗长。436个高粱地方品种穗长分在13.0～52.5厘米，平均值为32.4厘米，特长穗种质资源匮乏。

（4）穗粒重。436个高粱地方品种穗粒重在8.1～113.0克，平均值为46.6克。其中穗粒重90～100克的品种有10个，穗粒重≥100克的品种有1个，可作为优异种质在高粱育种中利用。

（5）千粒重。436个高粱地方品种穗粒重在10.0～37.7克，平均值为21.5克。湖北省大粒高粱种质资源匮乏，千粒重在30.0克以上的种质资源有7个。

（6）穗型、穗形、粒色等。436个高粱地方品种的穗型以散穗和中散穗居多，占83.4%；穗形以伞形为主，占53.2%，帚形也较多，占32.1%；壳色以红色为多，占42.4%；粒色主要是黄色，占80.0%。

（7）品质。鉴定的 436 份高粱种质籽粒粗蛋白质含量为 8.33%～14.89%,籽粒总淀粉含量在 64.47%～75.42%,籽粒直链淀粉含量为 0.08%～36.21%,籽粒单宁含量为 0.07%～2.92%。

（8）抗性。湖北省 436 份地方品种资源中,耐旱及高耐旱的有 29 份;出芽期耐盐及高耐盐的有 9 份,耐冷及高耐冷的有 26 份;对其中 224 份种质的耐贫瘠性进行鉴定,有 20 份资源耐贫瘠。

（三）湖北省高粱优异、特异种质资源

在已发表的湖北省高粱种质资源鉴定评价数据中,有一些优异、特异种质资源,在种质创新及品种选育中具有较高的利用价值。

1. 特高秆高粱种质资源

表 2-15 列出了株高超过 400 厘米的湖北省高粱特高秆种质资源,共25 份。

表 2-15　湖北省高粱种质资源中的特高秆品种

序号	资源名称	株高(厘米)	采集地	序号	资源名称	株高(厘米)	采集地
1	本地高粱	435	房县	14	沙高粱	410	兴山
2	甜高粱	435	宜昌	15	红高粱	406	长阳
3	小高粱	430	兴山	16	老鸦克	405	房县
4	黑高粱	428	恩施	17	黑高粱	405	竹溪
5	红高粱	425	神农架	18	小高粱	405	兴山
6	白高粱	423	竹溪	19	红小高粱	405	兴山
7	甜高粱	423	秭归	20	甜高粱	405	兴山
8	小高粱	417	宜昌	21	糯高粱	405	兴山
9	红壳小高粱	415	秭归	22	高粱	405	鹤峰
10	高粱	415	鹤峰	23	甜高粱	403	房县
11	高粱	414	咸丰	24	高粱	400	宜昌
12	黄糯高粱	413	秭归	25	红高粱	400	神农架
13	高粱	413	宜恩				

资料来源:湖北省农业科学院粮食作物研究所。

2．大粒高粱种质资源

千粒重超过 30.0 克的湖北省高粱大粒种质资源共有 7 份，分别是神农架的高秆青 37.4 克，宣恩高粱 34.8 克，房县的马蹄沟高粱 32.7 克，房县本地高粱 32.5 克，竹溪的红高粱 32.5 克，房县的米桃秫 32.3 克、来凤高粱 32.1 克。

3．优质高粱种质资源

（1）宜昌甜高粱。籽粒淀粉含量 87.64％，蛋白质含量 12.98％，株高 4.35 米，茎粗 2.0 厘米，生育期 132 天，穗长 34.1 厘米，千粒重 27.1 克，主穗粒重 32.7 克，且具备较强的耐渍、抗螟虫特性。

（2）宣恩米高粱。籽粒淀粉含量 85.21％，蛋白质含量 9.68％，株高 3.05 米，茎粗 1.7 厘米，生育期 116 天，穗长 35.7 厘米，千粒重 20.1 克，主穗粒重 33.0 克，耐渍性强，但抗螟虫性差。

第二节　糯高粱品种的选育

糯高粱又称小红高粱、红高粱，糯高粱的品种选育，是一项复杂、细致的工作。育种工作者应进行深入、细致的调查研究，了解和掌握当地的气候、土壤特点、主要自然灾害，包括生物的（如病、虫、草害等）和非生物的（包括干旱、湿涝、盐碱、寒流、高温、冰雹等）灾害的发生规律，耕作栽培制度以及生产技术水平和今后发展方向等。还要了解当地品种的现状、分布、特点、问题、演变历史及生产对品种的要求等。对调查的结果经过仔细分析研究，确定育种目标，并找出当地种植面积较大的一个或几个品种，作为标准品种。根据当地生态条件和生产要求对标准品种进行分析，明确哪些优良性状应继续保留和提高，哪些缺点应该改良和克服。高产、优质、抗性强、适用性广等是国内外各种农作物育种目标的总体要求，糯高粱也同样。但要求的侧重点和具体内容则随着生产的发展、市场的要求和技术的进步应与时俱进，会有一些变化。

糯高粱育种方法很多，有传统育种法，包括混合选择法、系统选择法、杂交育种法和回交育种法,高粱诱变育种法,高粱单倍体育种和多倍体育种法,高粱群体改良育种法。本书主要介绍选择育种法和杂交育种法。

一、选择育种法

作物育种的基本要求是在有变异的群体内进行选择。群体的构成必须有最大的可能在群体内有符合需要的变异单株。一个糯高粱群体,由于连年种植或异交的结果,群体中就会产生 1 个或多个符合育种目标的单株或株群。

(一)混合选择法

混合选择法在糯高粱选种工作初期阶段,曾被广泛应用,简而易行,收效较快。可分为一次混合选择和多次混合选择。混合选择法,对选育新品种有良好的效果,适应性也有很大提高;一般比原品种增产 5%～10%。

1. 一次混合选择

从具有一定变异性的原始群体中,选择符合育种目标的,具有一致性的单株或几株,甚至上百株到几百株,混合脱粒作为种子。第二年播种,并与原始群体和对照品种进行对比,同时淘汰杂株、劣株。经过连续 2～3 年的选择和试验,该混合选择的群体在产量、品质、抗性等方面明显优于原始群体和对照品种,可进一步参加区域试验(图 2-1)。

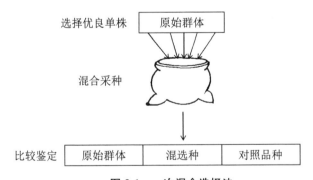

图 2-1 一次混合选择法

(黄善香.中国种植养殖技术百科全书[M].海口:南方出版社,1999.)

2. 多次混合选择

一般适用于原始群体性状变异较大,选择需要的性状较多,而且有些性状是显性基因或多基因控制的。第一年根据育种目标选择符合要求的单株(或单穗)若干个,混合脱粒做种子。第二年播种,并于原始群体和对照品种进行比较试验。如果该群体表现较好,成熟时再选择若干单株(单穗),混合脱粒做下一年播种用种子。第三年进行与第二年相同的比较试验。这样进行3~4次,直到新混合选择的群体性状达到一致,并且明显优于原始群体和对照品种,则可参加区域试验(图2-2)。

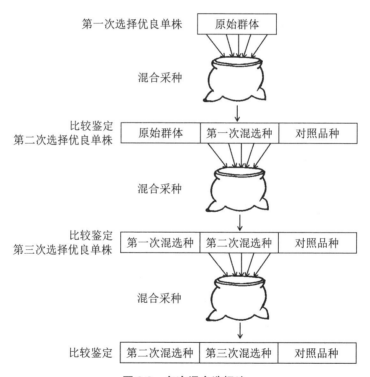

图 2-2　多次混合选择法

(黄善香.中国种植养殖技术百科全书[M].海口:南方出版社,1999.)

混合选择法,只能根据植株当年表现好坏进行选择,而无法鉴别当选植株遗传性的优劣。这样,一些遗传性并不优良的植株,就可能被误选上来,在下一年混合播种时,便分不清哪些个体是遗传性不好的植株后代,也无法按前、后代的表现再作一次鉴定。因此,混合选择法在选育新品种上,有着一定的局限性。从种植年代较久、已形成不同类型的品种群体中,进行混合选择,效果比较明显,当群体逐渐趋于一致时,这种选择方法的效果就会越来越差。

（二）单株选择法

单株选择法又叫系统选择法,群众称为一穗传,是一种优中选优的育种方法。在当地种植较久的良种,由于受多种原因和天然杂交的影响,会产生不同程度的变异。经过人工选择不仅可以固定变异的方向,而且可以积累和加强这些变异,形成一个新的优良品种。单穗选择的做法如下。

第一步,在具有不同自然条件和生产条件的大田里,选择优良的变异单穗,分别脱粒,选出完整、饱满的籽粒按单穗装袋,编号登记保存,留在下一年作穗行播种用。

第二步,将入选的每个单穗的种子种植1～2行,叫作穗（株）行圃。每逢第十个穗行种植一行原品种或当地推广良种作为对照。生育期间进行观察记载,在符合育种目标的优良穗行内选择优良单穗于抽穗后套袋。经田间评选和室内考种,选留的单株后代如在成熟期、丰产性及抗逆性等方面均趋于整齐一致,就可以按穗行混合脱粒,淘汰破碎、虫食、瘦瘪籽粒以后,留作下一年作穗（株）系圃播种用。

第三步,将中选的每个穗行种子播种一个小区,叫作穗（株）系圃。每逢第十个小区设置一个对照区。做好田间观察和鉴定,选出最好的穗（株）系,淘汰不良穗系,入选的优良穗系部分植株要套袋留种。

第四步,产量比较。对入选的优良穗一般要进行2～3年的产量比较试验,其中的重点材料,还可同时进行区域试验和生产试验,如比对照明显增产,其他性状优良,就可作为新品种提供生产推广。

单株选择应根据本地区生产发展的需要,在糯高粱的主要生育时期分次进行。如选育抗旱、耐瘠、适应于山区种植的品种,就应在山区确定有代表性的地块,于出苗、抽穗、灌浆、成熟等时期,挑选出苗好,生长健壮,早熟、丰产、抗逆力强的优良单株。选择时应避免选地头、边行、粪堆底和附近有缺株的单株。一般地说,在发病较多、病情较重的地区或年份选抗病类型,在干旱年份或地区选抗旱类型,在风害较重的年份或地区选秆壮抗倒类型。在上述情况下不仅可供选择的材料多,而且容易看得准,有助于提高选育效果。

单株选择法不像混合选择法那样一次可选出大量的植株,而且选出的新品种又是从一个入选的单株得来的,因此,种子繁殖年限较长,应用于生产较慢。但是,单株选择法是把具有不同遗传性的植株后代分开来种的。这样不但可根据当年植株表现的好坏来选择,而且还能从它们各自后代的表现来鉴定其遗传性的好坏。所以,单株选择的效果往往好于混合选择(图 2-3)。

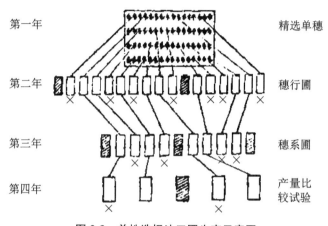

图 2-3 单株选择法三圃生产示意图

(黄善香.中国种植养殖技术百科全书[M].海口:南方出版社,1999.)

二、杂交育种法

有性杂交是创造新品种的有效途径之一。通过有性杂交的方法,可将杂交亲本的遗传物质集中在杂种后代里,又由于基因的重组,杂种后代发生分离,出现多种多样的类型,能为育种工作提供丰富的原始材料。在这个基础上,经过不断地选择和培育,就可选育出具有双亲优良性状或超过双亲的新品种。

(一)亲本选配的原则

亲本选配是根据育种目标选用恰当的亲本,配置合理的组合。新品种性状的遗传物质基础,来源于杂交亲本基因的重组合。杂交亲本的优劣,直接决定后代的好坏,亲本选配得当,可以获得符合育种目标的类型,从而提高育种工作的效率。因此,正确选择亲本是杂交育种成功的关键,为了做好亲本选配,应遵循以下 3 条原则。

1. 亲本应该优点多缺点少,而且优缺点能互相弥补

为了杂交后代能更多地结合双亲的优良性状,克服某些缺点,出现综合优良性状材料的机会就大。如选育早熟高产的糯高粱品种,亲本一方应是早熟的,而另一方就是抗病的,通过杂交的方法,使双亲的抗病性和丰产性、早熟性在杂种后代里很好地结合起来,从而选出早熟丰产抗病的新品种。

2. 选用生态差异较大,亲缘关系较远的材料作亲本

这样杂交后代的遗传基础丰富,分离较大,会出现很多类型的变异。同时,由于双亲是在不同生态条件下产生的,其适应性更为广泛。一般情况下,外地的不同生态类型的亲本亲缘关系大多比本地同类型的较远,彼此间的基因有较大分化,容易引进新种质,克服本地推广品种作为亲本的某些缺点,增加育种成功的机会。

3. 亲本之一要有一个能适应当地条件的品种

杂种各代能否适应当地条件和亲本的适应性关系很大,能适应当地条件的亲本可以是农家品种,也可以是国内改良品种或国外品种。在干旱、盐碱地区,当地农家品种的适应性比外地品种强。在其他多数地区,当地推广品种作亲本效果更好,丰产性比原农家品种好。

(二) 杂交方法

按育种计划将杂交亲本成对相邻种植。花期不一致的,应分期播种或采取其他调节措施,使其能花期相遇。在生育期间应选择发育正常,无病虫害的健全植株作亲本,当母本植株抽穗后首先进行整穗,于选留的小穗开花时,按组合授粉。

1. 整穗

选择生长健壮、发育正常的主穗,剪掉母本穗顶部、底部和发育不良的小穗,选留中部的 5～6 个一级分枝。然后剪去过密的无柄小穗和全部的有柄小穗,每个枝梗留 7～10 个小穗,这样每个去雄穗留下 40～50 个小穗即可。

2. 去雄

选留的小穗要在开花前去雄。最好在下午 3—4 时进行。用小嘴镊轻轻

拨开护颖,取出雄蕊。无柄小穗内有两朵小花,上方为可育花,下方为退化花。可育花有一外稃和内稃,在内、外稃之间有轮生的 3 枚雄蕊。去雄时,最好由上而下逐个小穗进行,避免遗漏。去雄后套上单面玻璃纸袋,折叠严密,用曲别针别好,拴上纸牌,注明母本名称、去雄时间、操作人员,并及时在记录本上登记。

3. 授粉

去雄后的第二天或第三天授粉。待小花开放,柱头展开呈毛状即可授粉。为避免异种花粉混入,在授粉前 1～2 天给父本穗套袋。授粉一般在上午进行,先将预先套袋的父本穗轻轻弯下,摇动敲打,将花粉震落在袋中,然后将同组合的母本穗上纸袋取下,套上盛有父本花粉的纸袋,轻轻摇荡,使花粉均匀地散落在母本柱头上,然后封严扣紧纸袋,在挂牌上做好记载登记。为了提高结实率,在 1～2 天可补授粉 1 次。

(三)杂交后代的选择

杂交后代生理成熟后,应及时收获,严防错乱与混杂,搞好保管工作,以备继续选择。通过杂交所得的原始材料,还要在一定的栽培条件下连续选择、培育,才能获得所需要的新品种。通常采用的选育方法是多次单株选择法。

第一代,将杂交所得的种子,按组合播成短行,长出的植株即是杂种第一代。在每个组合前面,播父、母本各一行做对照。在同一个杂交组合里,杂种一代长得整齐一致。因此,第一代只与亲本比较,不进行单株选择,如有的单株长相与母本相同,又无杂种优势,即可认为是假杂种。收获时,应将假杂种和感病的、有严重缺点的组合淘汰,入选组合分别收获保存。如果亲本不纯,其杂种第一代就可能出现分离,在这种情况下,需要进行单株选择。

第二代,将上一年收到的种子按组合播种,得到杂种二代,杂种二代发生分离,单株之间差异很大,是选育新品种的重要阶段,为增加选择优良植株的概率,应尽量把全部种子都种上,避免漏掉好的材料。选择时,先选好的组合,在中选组合中选优良单株,对突出优良的组合,可适当多选一些植株。这一代应对较易稳定的性状,如抗病性、生育期、株高、抗倒等性状,着重进行选择。

第三代,将第二代入选的单株按组合、株号顺次播种。每个第二代入选单株的后代为一个系统,系统内仍有分离。在选择时,首先选出优良的系统,再选其中的优良单株,入选单株按系统编排株号。

第四代,按组合、系统和株号播种成株行。第三代同一系统当选的单株,在这一代就成为系统群,每一系统群中各系统要彼此相邻,以便比较。选择过程中,首先选择系统群,再从中选择优良系统,选优良单株。如此,往往需要延续到5~6代或7~8代,系统内的植株性状才能逐渐趋于一致。优良系统在性状稳定以后,就可以混合脱粒,进行产量比较试验。其中的重点材料,应加速繁殖,组织多点试种,逐步推广。

三、杂交糯高粱选育

杂交糯高粱选育工作包括雄性不育系(简称不育系)选育、雄性不育恢复系(简称恢复系)选育和杂交种选育三个部分。

(一) 不育系选育

糯高粱不育系选育方法主要有以下几种。

1. 回交转育

利用现有稳定的不育系作母本,保持性良好的品种作父本进行杂交,并连续回交转育不育系是一种见效较快的选育方法。回交父本品种除要求保持性好外,还应具备植株矮小、早熟高产、适应性好、抗逆力强、糯性稳定等优点。如果纯度不高,应先进行自交纯化,以利于回交后代不育性迅速稳定和其他性状整齐一致(图2-4)。

测交:以不育系为母本,被转育品种为父本进行杂交,鉴定被转育品种的保持性,为测交。测交时,父、母本相邻种植,如花期不一致,父本可采取分期播种,或其他管理措施进行调节,使花期相遇。抽穗后,选发育正常的父母本各3~5穗套袋,母本穗套单面玻璃纸袋,以便观察开花情况。开花后,单株成对杂交,父本继续套袋自交。成熟时,成对收获,分别脱粒、装袋,成对保存。

回交:第二年,将上年收获的杂种作母本,对应测交的品种作父本,相邻种植。抽穗后选父、母本优良单穗套袋;开花时,仔细检查母本的不育性,选

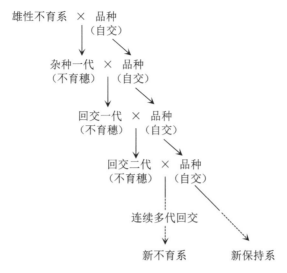

图 2-4 回交转育示意图

（黄善香.中国种植养殖技术百科全书[M].海口:南方出版社,1999.）

择不育程度高,其他性状倾向于父本的单株,用对应的父本进行成对回交。成熟时,成对收获,分别脱粒、装袋,成对保存、如此连续多代回交直至母本植株全部不育或几乎全部不育,其他性状与父本相似,这时便成为新的不育系,回交父本就是相应的保持系。

2. 边杂交边稳定边回交转育

此法是在回交转育的基础上发展起来的,所不同的是一般回交转育方法直接应用品种,而这种方法是采用通过不同方式杂交所取得的杂种后代作回交转育材料。其目的在于综合几个亲本品种的优良性状,提高不育系选育效果。

选用综合性状优良的保持类型品种与现有的优良保持系杂交,创造杂交转育材料。一般每个组合可选 1～2 穗,每穗留 50～100 个小穗进行杂交。优良亲本组合,可适当多做几穗杂交。杂交穗成熟时,按组合收获,脱粒保存。

第二年,将获得的杂交种子,按组合进行点播。生育期间进行观察,记载不同组合生育情况和优势表现,淘汰不良组合与假杂种。成熟时,入选组合分别收获,脱粒保存。

第三年,将上年选留的自交种子,按组合分单穗播种,得到杂种二代。生育期间,按不育系选育目标选择矮秆、抗性强、农艺性状好、早抽穗的优良单株套袋自交。

从杂种第三代开始,选择优良单株进行测交,并在以后各代连续多次回交,直至植株综合性状达到选育目标,整齐一致,不育性稳定,新不育系才算育成。

3. 利用天然不育株选育

由于天然杂交以及环境条件的影响,在田间可能出现天然不育株。天然不育株的不育性可分为生理型和遗传型两类。生理型不育性,是由于外界条件的影响,使某一代谢过程受到阻碍而产生的,不能保持,没有利用价值。遗传型不育性则是由于遗传基础变异而产生的,通过测定、筛选保持系的方法可使不育性固定下来,形成一个新的不育系。

(二)恢复系选育

恢复系首先要具有良好的恢复性能,与不育系杂交杂种一代自交结实率应在85%～90%以上,恢复性不好的品种,其他农艺性状再好,也不能直接用作恢复系。评定自交结实率,可进行目测估计,此法虽不尽精确,但较为方便。此外,还可利用下式计算结实率:

每穗自交结实率＝每穗自交结实粒数/单穗平均小花数×100%

其次,一个好的恢复系还必须具有较强的配合力、适应性、抗逆力以及优良的农艺性状,与不育系配成杂交种增产显著。

恢复系的选育可以通过从现有品种中选育,通过恢复类型品种间杂交选育,通过理化因素诱变选育。利用现有品种包括农家品种、育成品种和外引品种作父本与不育系杂交,筛选恢复系。通过恢复类型品种间杂交,可以综合不同品种的优良性状,使恢复系在恢复性、配合力以及品质等方面都有所提高。采用物理、化学诱变的方法,不仅可以创造矮秆早熟类型,对于提高选育材料的综合性状也有作用。

(三)杂交种选育

1. 测交

第一年利用现有品种或杂交选育的高代恢复性材料作父本,按计划与不育系分别进行杂交,称为测交。根据亲本生育期的长短,实行分期播种,使花期能够相遇。当母本进入盛花期时,选父、母本的优良单株成对授粉杂交。为提高结实率,需要连续授粉 2～3 次。成熟时,父、母本分别按穗收获,脱粒保存,留作鉴定。

2. 杂交种鉴定

第二年将测交所得的种子分区种植,进行育性和产量鉴定。试验小区按组合顺序排列,逢 5 区设一对照。

(1) 育性鉴定。杂种一代育性表现大致有以下 4 种情况。

全可育类型:全部或大部分穗为可育穗,花药黄色饱满,散粉量大,自交结实率为 85% 以上。这种类型的父本,有可能作恢复系直接应用,可进一步作产量鉴定。

少部分不育类型:大部分穗为呆育穗,自交结实率为 31%～85%。其父本不能直接作恢复系,如其他性状优良,可作为选育新恢复系或不育系材料。

部分不育类型:全部或大部分穗为低结实率穗,大多数花药为乳白色,褐色或紫色,瘦小干瘪,极少为黄色饱满花药,散粉量少,自交结实率低,在 0.1%～30%。

全不育类型:全部或大部分穗为雄性不育穗,其花药呈乳白、褐、紫等色,皱缩、瘦小,不能散粉。上述后两种类型的父本,可作为选育不育系的材料,不能作恢复系用。

(2) 产量鉴定。在育性鉴定的同时,还要对生育期、生长势、抗逆力等多种性状进行观察记载。对恢复性好的优良组合,要按区收获,脱粒测产,并进行室内考种和品质分析,为将来推广积累资料。少数有希望的杂交组合,于当年套袋制种,以便在小区试验的基础上组织多点试种,放在不同的自然条件和生产条件下进行丰产性和适应性鉴定。多点试种应有统一计划和方案,试验地茬口、肥力以及各项管理措施,力求一致,保证试验的精确性。在试种同时,还可安排一定面积制种,为扩大试种和推广做好准备。

第三节 糯高粱品种提纯复壮

一、品种退化的原因

育成的优良品种最初应用于生产时,其种性较纯,具有本品种的典型特征,整齐一致,品质优良,产量也高。但是,如果缺乏完整的良种繁育体系和相应的技术措施,只知道利用,不进行提纯复壮,很快就会混杂退化,使纯种变杂,良种退化。品种混杂退化后,就会出现植株高矮不一,成熟早晚不一,株型、穗型失去原有特征、抗逆性衰退以及品质变劣等不良现象,生产价值明显下降。引起退化的原因有主有次,综合起来主要是如下几点。

（一）机械混杂引起的品种退化

在种子的繁殖、采收、脱粒、清选、晾晒、贮藏、包装和运输等过程中,由于缺乏健全的管理制度,不能严格遵守生产规程,造成不同品种的种子互相混杂。

（二）生物学混杂引起的品种退化

同类作物的品种间最容易发生自然杂交,在繁种、制种时,常因隔离条件不够,而造成良种混杂退化。

（三）不良环境条件的影响

不合理的栽培措施,病虫害及不良的气候条件,都能造成糯高粱性状变劣。

（四）不重视人工选择

一个品种在生产使用过程中,会经常发生一些自然突变,在这些突变中往往不利的变异多,如不及时将劣变株淘汰,任其繁衍留种,那么不良变异会延代积累,导致品种退化。

二、普通品种的提纯复壮

（一）建立种子田

建立种子田是加速良种繁育推广、提纯复壮和不断更新品种的重要措施。种子田一般分一级制和二级制两种(图 2-5)。

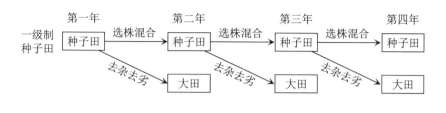

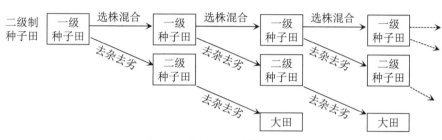

图 2-5　糯高粱良种繁育过程

(黄善香.中国种植养殖技术百科全书[M].海口:南方出版社,1999.)

　　一级制种子田种子只繁殖 1 年即用于大田生产,二级制种子田繁殖 2 年再用于大田生产。由大田选株或从良种场引进的良种,先种在种子田里,如为一级制种子田,收获时从中选出具有典型性状的优良单株留作下一年种子田用种。将其余植株去杂去劣后混收脱粒,作大田生产用种。二级制种子田里,先由一级种子田选株,为第二年一级种子田留种,将其余去杂去劣的种下一年二级种子田,再次去杂去劣,并扩大繁殖,在第三年用于大田生产。建立种子田具体做法如下。

　　1. 确定面积

　　根据历年种子田产量、下一年该品种种植面积以及播种量来确定当年种子田面积。

　　种子田面积(亩)=每亩播种量×下一年播种亩数÷种子田每亩产量

　　为保证有足够数量的种子,种子田面积应比计算值适当加大,留有余地,一般占大田种植面积的 0.5%～1%。

　　2. 精选种子

　　种子田用种要求种性好,纯度高,种子充分成熟,籽粒饱满,发芽率高,发芽势强。因此,必须经过精选,剔除虫食粒、破碎粒、小粒、瘪粒以及其他混杂物,保证种子质量。

3. 注意选地和管理

种子田应选用土质疏松、地势平坦,肥力比较高的地块,并应有灌水和排涝条件。采取合理的耕作轮作制度,避免重茬。严格掌握隔离条件,一般繁种隔离地段应在 300 米以上,不育系繁殖田隔离应在 500 米以上。注意加强田间管理,去杂去劣。成熟后,单收、单打、单藏,防止混杂。

(二)单穗选择

单穗选择是普遍采用、效果比较好的提纯复壮方法。具体做法如下。

1. 单穗选择

首先在种子田或生长良好的生产田里,经过田间观察,选出生育良好,具有本品种典型性状的优良单株,套袋自交,收获后进行复选,留优去劣,按穗脱粒,留作下年穗行播种用。选留数量根据需要确定。

2. 分系比较

将入选的优良单穗进行穗行播种,逢 10 行播种 1 行原品种做对照。于生育良好的穗行选典型植株套袋。收获前先淘汰不良穗行和保护区。选留的单株,一部分可继续做穗行播种,其余混合脱粒,留下年繁殖用。

3. 混系繁殖

经分系比较后所得的典型单株混合种子即为复壮了的良种,可在种子田扩大繁殖,以供大田生产应用。繁殖过程中,仍须注意去杂去劣,继续提高种子纯度。

(三)混合选择

混合选择法简单易行,可在短期内获得大量种子,其选择标准与单穗选择相同,但提纯复壮效果则较单穗选择为差。具体做法:在收获前,确定生育好、纯度高的田块,选择性状典型的优良单株,混合脱粒,供下年大田生产用。

为既减少上述选择工作的麻烦,又便于比较,糯高粱还可以采用半分法提纯复壮。第一年,在种子田或纯度高的生产田里选出一定数量的优良典型单株,分别脱粒,再将每一单穗种子分成两份,编成同一序号,一份在第二年播种做比较鉴定,另一份保存。第二年,把上年留作种用的材料按编号分别播种,每穗种子种一个小区进行观察,选出植株性状典型的优良小区,记下编号,当年的种子不再作种用。第三年,在保存的种子中挑出入选各小区的种子混合播种子田扩大繁殖,供下年大田生产用。

三、糯高粱杂交种亲本提纯复壮

(一)不育系提纯

不育系是配制杂交种的基础,其纯度高低直接影响杂交种的增产效果。提纯复壮不育系是发挥杂交种增产潜力的重要措施。具体做法如下。

1. 混合选择法

在不育系繁殖田里除按一般要求去杂除劣外,于收获前选取具有典型性状的优良不育系单株和相应的保持系单株。选留株数根据下一年不育系繁殖田的面积和亩播种量确定。其余的不育系可作一年制种用。入选穗还要经过复选,淘汰不良单穗,再将不育系、保持系分别混合脱粒,留作下一年不育系繁殖用种。此法虽简单易行,但提纯效果不太好。

2. 单穗选择法

第一年先在不育系繁殖田选典型的不育系和保持系单穗30~50对。第二年把上年选留的不育系和保持系成对种植在隔离区内,每对为一个小区,不育系与保持系按行相邻种植,便于观察比较。生育期间去杂去劣,割除不良小区的保持系,避免其传粉。按小区分系收获,脱粒保存。第三年将入选的小区中最好小区种子作繁殖田用种,其余种子混合后供制种田用。此法虽可经田间比较,淘汰不良小区,但仍为自由授粉,提纯效果不够理想。

3. 二次单穗选择法

第一年,在不育系繁殖田中选典型不育系和保持系单株30~50对,抽穗后分别套袋,开花后成对授粉,按顺序编号,成对收获,分别脱粒保存。第二年,将其成对种植在隔离区内,进行比较,选留优良小区,淘汰不良小区。在入选的小区中再成对选出一定数量的典型穗,分别套袋,成对授粉。成熟时按不育系、保持系分别混合脱粒,第三年在隔离区内扩大繁殖,供不育系繁殖田用种。此法经过两次套袋,成对授粉,并做分系比较,可将优良单系分离出来,提纯效果明显好于前两种方法。

(二)恢复系提纯

恢复系的提纯复壮方法与前面述及的普通品种相同,只是在提纯复壮的同时,还要进行恢复性和配合力的鉴定。通过分系测交的方法,选出恢复性好、配合力高、具有原恢复系典型性状的单系,扩大繁殖,取代混杂退化了的恢复系。

第三章 糯高粱的植物学特征与生长发育

本章着重介绍糯高粱的植物学特征、糯高粱生长发育过程、糯高粱生长发育与环境条件。

第一节 糯高粱的植物学特征

糯高粱的植物学形态,可以分为根、茎、叶、花序和种子五个部分。由于糯高粱品种繁多,其形态特征也多种多样,加之环境条件的变化,使糯高粱的植物学形态表现也不完全相同。

一、根的形态

糯高粱根由初生根和永久根组成,永久根又分次生根和支持根(又称气生根)两种。初生根、永久根上又能长出许多侧根,形成发达的根系(图 3-1、图 3-2)。当糯高粱植株长到 6~8 片叶时,根系入土深度通常可达 100~150 厘米,水平分布直径可达 80 厘米。完全长成的根入土深度可达 180 厘米以上,水平分布直径在 120 厘米左右。糯高粱根系主要分布在 30 厘米土层以内,这些根系的吸收能力也最强。

(一)初生根

初生根是由胚根发育形成的,只有糯高粱的初生根是发芽苗的单胚根,因此只有 1 条。但是,有时由于种子中毒或受机械损伤,在盾片着生部位(即中胚轴区域、根颈)能长出少数短而细的根,称初生不定根。初生根和初生不定根统称为种子根。种子根通过根颈与地上部分连接。根颈的长短因品种而异，一般根颈长的品种，容易出苗；根颈短的品种，出苗困难。因此，播种时应浅覆土。

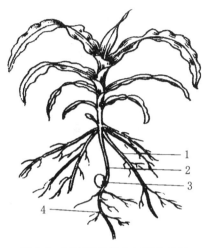

图 3-1　糯高粱的初生根和次生根

1.次生根；2.根颈；3.种子；4.初生根

（卢庆善，邹剑秋.高粱学［M］.2 版.北京：中国农业出版社，2023.）

图 3-2　糯高粱的根系

（卢庆善，邹剑秋.高粱学［M］.2 版.北京：中国农业出版社，2023.）

随着幼苗生长，种子根不断长出侧根，但由于根颈不能增粗以及细胞壁木质化程度增强，输导能力逐渐减弱，限制了种子根的生长。虽然种子根在总根系中所占比例不大，但在次生根形成之前，种子根的作用较大，它能保证幼苗最初 10 余天生长所需水分、营养物质的吸收和运输。当次生根长出后，种子根的作用逐渐减弱，以至消失。所以，从这种意义上说，种子根也称临时根。

（二）永久根

1. 次生根

当幼苗长出 3～4 片叶时，从芽鞘基部长出几条次生不定根。次生不定根产生在种子根之后，位于种子根之上。随着幼苗的生长，从地下和地上基部各茎节的基部不断地产生次生不定根，有明显的层次，由它们构成了糯高粱根系的主体。由于次生根产生的数目和位置是不固定的，因此称为不定根。又由于次生根从产生到糯高粱成熟，一直起到吸收水分、营养的作用，因此，次生根又称永久根。

次生根产生的层次数目与品种有关。因为次生根产生在地表上面靠下的茎节基部，茎节数又与品种总叶数有关，因此，次生根的层数也就与品种的叶数有关。品种的叶数越多，茎节数也就越多，次生根的层次数也就越多，反之就减少。

2. 支持根

支持根又称气生根。当糯高粱植株抽穗后，在茎基部 1～3 节上产生支持根，支持根虽然是由地上节上长出来的，但它同样具有向地性，而且特别粗壮。在进入土壤后，也有一定的吸收水分和养分的作用。支持根本质上是地下不定根的生育在地上部的延续。支持根起始暴露在空气中，表皮角质化，含胶质，有时有叶绿素，呈淡绿色。支持根厚壁组织发达，支撑能力强。特别是扎入土壤的支持根，能增强植株的抗倒力。一般我国糯高粱地方品种比外国糯高粱的支持根发达。

总之，糯高粱的初生种子根不发达。次生根发达，层次多，由此产生的侧根和细根也多，再加上支持根，共同构成了糯高粱庞大强壮的纤维状须根系。

二、茎的形态

（一）茎秆

糯高粱茎又称茎秆，由胚轴发育而成。绝大多数为直立的，呈圆筒形，表面光滑。但在品种 korgi 里发现有弯曲生长的。在开花期,弯斜的茎秆几乎与地面平行,抽出的穗下垂,而当籽粒灌浆时,穗几乎可以触到地面。糯高粱茎秆的高度称作株高。株高由茎高(即各节间长度的总和)、穗柄长和穗长组成(图 3-3)。糯高粱茎秆高度变异幅度大,从 0.45~5.0 米。一般科研上将株高分成不同等级,100 厘米以下为特矮秆,101~150 厘米为矮秆,151~250厘米为中秆,251~350 厘米为高秆,351 厘米以上为特高秆。糯高粱茎秆的粗度,一般茎基部直径在 0.5~3 厘米的范围内。

图 3-3　糯高粱的株高

(卢庆善,邹剑秋. 高粱学[M]. 2 版. 北京:中国农业出版社,2023.)

糯高粱茎秆的基本组成单位是节和节间,节是叶鞘围绕茎秆着生的部位,稍为隆起。节间是 2 个节之间的部分,多呈圆柱形。节包括生长轮和根带两个区域(图 3-4)。根带是位于生长轮和叶鞘着生处之间的地方,其宽度变化于 3~15 毫米,含有腋芽和根原基,根原基排列在节周围 1~3 个同心环里。最低节的根原基发育成根。对高秆糯高粱品种来说,支持根正是从近地节长出来。当植株倒伏在地上时,在与土壤接触的节上可以长出根来,我们可以利用这一特性由切节来种植再生糯高粱。

生长轮就在每个节的根带上面,是节间基部一条坚实的狭窄带,是由具有分裂力的细胞组成的,具分生组织性能的分生区。在节间已具有完全分化的维管束和机械组织时,生长轮仍保持着分裂生长的能力。当茎秆被风吹倒或倾斜时,由于生长轮细胞进行分裂使茎秆恢复直立状态;倒伏的茎秆也可通过平卧节上生长轮的细胞不平衡分裂恢复直立。

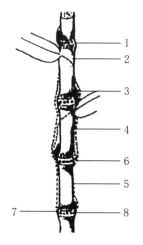

图 3-4 部分茎的外形

1. 节;2. 节间;3. 腋芽;4. 上一片叶叶鞘;5. 下一片叶叶鞘;6. 不定根原基;7. 生长轮;8. 根带

(卢庆善,邹剑秋. 高粱学[M]. 2 版. 北京:中国农业出版社,2023.)

糯高粱茎秆的节数因品种和生育期不同而异,节数与叶数相等,是较稳定的遗传性状。一般早熟品种 10～15 节,中熟品种 16～20 节,晚熟品种 20～30 节,极晚熟品种 30 节以上。同一品种因光照长度和栽培条件的变化,其节数也不同。一般来说,在长日照下(北方)生长的品种,转到短日照(南方)下种植时,节数要减少 5～6 个。

同一株上的节间长度不同,通常是基部的节间短,越往上越长,最长的节间是着生高粱穗(花序)的穗柄。穗柄长度品种间差异大,长者可达 120 厘米,短者仅 20 厘米左右。

糯高粱拔节后的节间表面覆盖着白色蜡粉,下部节间蜡粉更多,甚至可掩盖住节秆固有的颜色。蜡粉是表皮细胞分泌物,它可防止或减少体内水分蒸发,又能防止外部水分渗入,是糯高粱增强耐旱耐涝能力的重要生理构造之一。

糯高粱茎秆是实心的,髓可以是坚实多汁的,无味或有甜味,也可是干燥的(成熟后)。我国糯高粱通常多为干燥型茎秆,外国糯高粱多为多汁型茎秆。

糯高粱茎秆由表皮细胞里面的厚壁细胞组成的机械组织,比较坚硬,能支持茎秆,防止弯曲和折断。茎秆的内部是柔软的髓,髓由薄壁细胞组成,在髓中散布着维管束,维管束是植株体内的运输管道。根部吸收的水分和无机盐,通过维管束送到茎的顶部和根部。因此,茎秆不但能支持植株直立,使叶片均匀地分布在空间接受阳光,而且是输送水分和营养物质的重要器官。

(二)分蘖与分枝

节间与叶片同侧有一条浅纵沟,同叶片互生一样,相邻节间上的纵沟也呈交错排列。每个节间纵沟的基部都有一个单生腋芽,一般呈休眠状态。如果土壤肥沃、水分充足或主茎生育受阻、受损伤,茎基部的腋芽可发育成分蘖,上部的腋芽可发育成分枝。当腋芽发育成分枝时,其包被叶伸长并展开,形成分枝的第一片叶。由近地面发生的分枝同时又能产生不定根,故称为分蘖,以区别于近顶端所产生的分枝。

主茎能产生分蘖的节称分蘖节,外形稍膨大。最先产生的分蘖称第一分蘖,此后产生的分蘖称第二分蘖,以此类推。节位越低的分蘖,其生育期与主穗越接近,几乎可以同时成熟;节位越高的,其成熟越迟,有的常常只能抽穗开花,不能正常成熟。前者称有效分蘖,后者称无效分蘖。

糯高粱分蘖力强弱因类型和品种而异,也受环境条件的影响。一般我国糯高粱与外国糯高粱比较,其分蘖力弱。糯高粱生产上一般不采用分蘖,因分蘖要消耗一些养分和水分,影响主茎的生长发育,苗期就应去掉。然而,在繁殖不育系或杂交制种时,为调节有效花期,延长授粉时间,提高结实率,有时也要保留一些分蘖或分枝。

虽然栽培糯高粱是一年生的,但许多类型的糯高粱能够通过从老株茎基部的分蘖繁殖存活几年。因此,在仅割掉收获后的老茎秆后可长出新的高粱苗来,称为再生高粱。中国南方的一些省(自治区、市),再生高粱生产效率比较高。如湖北省现代农业展示中心(武汉)自 2005 年以来,连续进行再生高粱的试验示范,第一季于 3 月下旬播种育苗,4 月 10 日前后移栽,地膜覆盖,8 月 5 日前后收获,留茬高度 5～8 厘米,3～5 天就从茎基部生长出幼苗,10 月下旬—11 月上旬就可成熟收获,秋季气候条件比较好时,再生季产量与头季相当,品质比头季要好。

三、叶的形态

糯高粱叶是形态结构、生理功能高度分化的侧生组织,由叶片、叶鞘及其相连接的节结和着生于节结上的叶舌组成(图 3-5)。

(一)叶片

1. 叶片的形态

在栽培糯高粱中,不同品种的主茎叶片数是很不一样的,从 7 片到 30 片不等。多数品种的幼叶是直的,老叶呈波曲形。长成的叶片长 30～135 厘米,最宽点的叶宽 1.5～13 厘米。叶片一般呈披针形或直线披针形,按此结果,叶片的最宽部位可能是靠近茎与叶鞘连接之处,但实际上更多叶片的最宽处是位于叶片长约一半的地方。

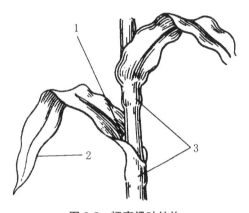

图 3-5　糯高粱叶结构
1.叶舌;2.叶片;3.叶鞘
(卢庆善,邹剑秋.高粱学[M].2 版.北京:中国农业出版社,2023.)

叶缘可能是平的或是波浪状的,这要取决于叶缘与叶脉的生长是否均衡,当叶缘比中脉更长时,则叶片呈波浪状的形状就产生了。幼叶边缘是粗糙的,成熟叶片的边是光滑的。中脉色是一个相对稳定的遗传性状,常因品种而异。一般在无水多髓的品种里,中脉是白色或黄色;而在多汁类型的品种里,中脉是一种暗绿色,常带有精细的白色条纹。中脉色可分成 3 种:①半透明的绿色或近似灰色,称为蜡脉;②不透明白色,称为白脉;③黄色,称为黄脉。中脉的基部可能有茸毛,也可能沿着叶片的部分有茸毛。在与叶鞘接合处的叶脉基部附近有一层蜡粉。

叶的双面有单列或双列气孔,叶上有多排运动细胞。在干旱条件下,这些细胞能使叶片向内卷起。有些品种有不规则的硅质细胞排在叶片里,这种类型的品种,第四片真叶长出时,就能产生这种细胞,可以表现出抗芒蝇的特性。

叶片在茎秆上的排列不完全一样,多数糯高粱的叶片按 2 排在茎秆的相对位置交替排列,即为互生叶片。也有相当多的品种叶片 2 排排列不是在相对位置上,而是按一定角度互相排列。有时,第一片叶可以在第五片叶上,第三片叶在第七片叶上,在第三片和第五片叶之间有一个小锐角;同样,第二片叶在第六片叶上,第四片叶在第八片叶上,其结果在茎节的相对位置上产生了2对重叠排列。旗叶可能远远超出在茎秆的任一叶片排列线上范围之外。

叶片长到一定时期陆续自下而上黄化枯萎。拔节后至抽穗前长新叶的速度很快,到抽穗前是叶片数最多的时期,也是叶面积最大的时期。挑旗时,底部叶片相继枯黄,如果发生叶病,则变黄枯死得更快。但是,有的品种直到成熟时仍保持着较多的绿色叶片,这种特性我国称作"青枝绿叶",国外称作"持绿"。这种性状与品种的抗旱性和抗叶病性有关。

2. 叶片的解剖结构

叶片的解剖结构一般可分为表皮(上表皮和下表皮)、叶肉和叶脉三部分。表皮由表皮细胞、气孔组成;叶肉由叶肉细胞组成;叶脉由维管束、维管束鞘和机械组织组成(图3-6)。

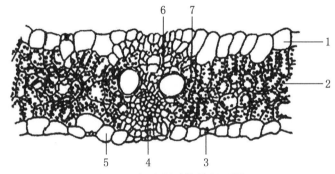

图3-6 糯高粱叶片横断面图

1. 运动细胞;2. 叶肉;3. 气孔;4. 韧皮部;5. 表皮细胞;6. 木质部;7. 维管束鞘

(卢庆善,邹剑秋. 高粱学[M]. 2版. 北京:中国农业出版社,2023.)

表皮细胞分成4种类型:①长形细胞。长轴与叶长轴平行,侧壁为细波纹状的硅化壁,具大液泡,外壁较厚,有角质层。②栓化细胞。形似肾,长轴与长细胞短轴平行。③硅质细胞。与栓化细胞伴生,形状近似马鞍形,内含颗粒状硅质体。在叶脉上方,栓化细胞和硅质细胞交互排列成纵行。④泡状细胞。分布于维管束之间,上表皮多,下表皮少。

在上表皮、下表皮上有成单列或双列的气孔,气孔有规律地与长形细胞相间分布。气孔由2个保卫细胞和中间的孔道组成。长成的气孔保卫细胞呈哑铃形,细胞两端壁薄,围绕气孔周围的壁厚。因此,当渗透压发生变化时,细胞吸水,两端的薄壁膨胀,将中间的壁拉开,使气孔开放。叶片上、下表皮细胞排列紧密,细胞外有发育良好的角质层,并覆盖着蜡质层,加之保卫细胞壁弹性大,因此在连续干旱结束后细胞仍能恢复正常。泡状细胞能在细胞失水时使叶片向上内卷以减少蒸腾失水。糯高粱叶片的这些特征表明叶片表皮细胞具有特殊的抗旱结构。

叶肉为薄壁细胞,内含叶绿体,是进行光合作用制造有机物质的重要场所。糯高粱叶肉细胞比玉米的稍窄,峰稍圆,叶绿体多为椭圆形。叶肉细胞沿着维管束呈放射状排列,有利于光合产物的运输。

维管束分大、中、小三型。维管束除具有输导功能外,还起到支撑叶片的作用。它们在叶片上一般按等距呈平行排列。小圆形维管束有7~15群,嵌入与下表皮靠近的薄壁组织里,与大的、卵形维管束交替。后者为叶片主脉,几乎占据叶片部分的整个深度。这些大型维管束在结构上与叶鞘的维管束相似。每个维管束由窄的木质化的鞘包围着。木质化鞘延伸到韧皮部顶下表皮厚壁组织,而它在木质部顶由一单层薄细胞与韧皮部顶厚壁细胞分开。

糯高粱是碳4植物,叶片维管束结构的最显著特征,是维管束鞘为大型薄壁细胞且十分发达。维管束鞘细胞含大量细胞器,其中的叶绿体比叶肉组织的大,且色深。因此,维管束鞘细胞形成淀粉的能力强。围绕在维管束鞘周围的叶肉细胞,其突出部分内伸并与维管束鞘细胞相连,其间有大量胞间连丝贯通。维管束排列非常稠密,叶脉间隔很窄,仅0.1毫米。叶脉间叶肉细胞少,仅有2~3个细胞。糯高粱维管束的这些解剖特征,有利于光合产物的运输。

（二）叶鞘

叶鞘着生于茎节上,边缘重叠,几乎将节间完全包裹。这些叶鞘在连续节上交替环绕。叶鞘长度不同,为15~35厘米。一般茎基部和顶端的叶鞘短些,中间茎节的叶鞘长些。不同品种叶鞘长度也不同,短的仅包裹节间的一半左右,长的可达上一节间的节处。因此,叶鞘的重叠主要由节间和叶鞘长度决定。叶鞘是光滑的,有平行细脉,有一精细的脊,这是由于主叶脉互相接近所致。拔节后叶鞘常有粉状蜡被,特别是上部叶鞘。当这种蜡被淀积较多时,叶鞘则表现青白色。在与节连接的叶鞘基部上有一带状白色短茸毛。叶鞘有防止雨水、病原菌、昆虫及尘埃侵入茎秆,以及加固茎秆增加强度的作用。

(三)叶结

叶结是叶片和叶鞘交结处的带状组织。叶结可以是平滑的,也可以是有皱褶的。

(四)叶舌

叶结上有包围茎秆的膜状薄片,为叶舌。叶舌较短小,为直立状突出物,长1~3厘米。叶舌起初透明,后变成膜质并裂开,叶舌上部的自由边缘有纤毛。叶舌的存在能使叶片和茎秆成一定的生长角度,一般在40°~60°,有的品种叶片与茎秆夹角成15°~30°,使叶片上冲;也有的品种夹角大于60°,使叶片成平展状。有的品种无叶舌,这种高粱叶结光滑无茸毛,叶片与茎秆夹角在10°以内,叶片全部上冲,为紧凑株型。

四、花序的形态

(一)花序的生长

糯高粱的花为圆锥花序,着生于穗柄的顶部。抽穗前,旗叶叶鞘包裹着幼花序,呈鼓苞状,俗称打"苞"。抽穗时,幼花序从旗叶叶鞘顶被推上来,张开。当幼花序通过时,叶鞘膨胀而开。随着穗柄的生长,花序继续伸长,直达植株的最高高度。多数品种的花序可以完全伸出旗叶叶鞘,少数品种的花序仍有最下面的部分花序被旗叶叶鞘包裹着。如果穗不能完全从叶鞘中伸出来,会造成霉烂,或者发生病虫害,如棉铃虫、玉米穗螟等。

圆锥花序的穗柄或直立或弯曲。向下弯曲的穗又称鹅颈穗,常是由于大花序在发育期间劈开了叶鞘,在裂开的这一边不能支撑整个穗而造成的。当抽出的穗柄较软时,由于穗的重量使其弯曲而形成鹅颈穗,而坚硬的穗柄得到的是直立穗。

(二)穗的结构

1. 穗轴和枝梗

糯高粱圆锥花序就是穗,中间有一明显的直立主轴,称穗轴。穗轴具棱,由 4～10 节组成,一般长有茸毛。从穗轴长出的第一级枝梗,一般每节轮生长出 5～10 个;从第一级枝梗再长出第二级枝梗;有时还能长出第三级枝梗。小穗就着生在第二级、第三级枝梗上(图 3-7)。由于穗轴长短不一,以及第一级、第二级、第三级枝梗的长短、数目和分布不同,因而形成了各式各样的穗形。例如,穗轴基部第一级枝梗较长,向上逐次缩短,则形成牛心形穗;如果穗轴基部和上部的第一级枝梗长短基本相等,第二级、第三级枝梗分布均匀,则形成筒形穗(或棒形穗);如果穗轴中部第一级枝梗较长,而其上、下的较短,则形成纺锤形穗;若穗轴长度中等,其下部第一级枝梗较短,向上逐渐变长的,则形成杯形穗。

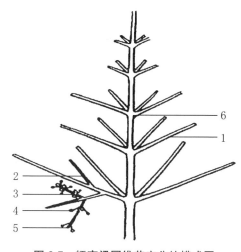

图 3-7　糯高粱圆锥花序分枝模式图

1.第一级枝梗;2.第二级枝梗;3.第三级枝梗;4.有柄小穗;5.无柄小穗;6.穗轴

(卢庆善,邹剑秋.高粱学[M].2 版.北京:中国农业出版社,2023.)

由于各级枝梗长短的不同,小穗着生疏密的不同,还可将糯高粱穗分成紧穗、中紧穗、中散穗和散穗四种穗型。成熟时有以下 4 种:①紧穗型,枝梗紧密,手握无多大弹性,并有硬质感觉;②中紧穗型,枝梗紧密,手握有较大弹性并无硬质感觉;③中散穗型,枝梗不甚紧密,对着光线观察枝梗有空隙;④散穗型,第一级枝梗长,第二级、第三级枝梗柔软并稀疏下垂。散穗型又可分为侧散(向一个方向垂散)和周散(向四周垂散)两种散穗型。

2. 小穗

小穗的形态结构是糯高粱分类重要的形态特征依据。无柄小穗有 2 个颖片,质地为坚硬的革质或柔软的膜质。形状呈卵形、椭圆形、倒卵形等。颜色有红、黄、褐、黑、紫、白等。亮度多数发暗,少数有光泽。下方的颖片称外颖,上方的颖片称内颖,其长度几乎相等,一般是外颖包着内颖的一小部分。外颖质地相对软一些,因品种不同生有 6~18 条脉纹,近顶端处脉纹或清晰或消失,顶端不着生或着生少量短毛,外缘或基部着生短毛。内颖质地硬而发亮,先端尖锐,常有一明显的中肋,两侧脉纹仅上方能找到,基部多生有茸毛。籽粒成熟时,多数品种的籽粒露在颖外,裸露的程度不一样;也有的品种颖壳长于籽粒,因而籽粒被颖壳包裹着(图 3-8、图 3-9)。

图 3-8 糯高粱的花序和小穗

1.穗的一部分(a.穗轴节间;b.穗轴节;c.第一级枝梗);2.总状花序(a.节;b.节间;c.无柄小穗;d.柄;e.有柄小穗;f.顶有柄小穗;g.芒);3.内颖(a.龙骨脊;b.内缘);4.外颖(a.龙骨脊;b.龙骨脊翅膀;c.末龙骨脊微齿);5.外稃(a.翅脉);6.内稃(a.翅脉;b.芒);7.鳞毛;8.浆片;9.花(a.子房;b.柱头;c.花药);10.籽粒(a.种脐);11.籽粒(a.胚痕;b.侧线)

(卢庆善,邹剑秋.高粱学[M].2 版.北京:中国农业出版社,2023.)

1   2   3   4   5

图 3-9 颖壳包裹籽粒程度

1.全包裹；2.3/4 包裹；3.1/2 包裹；4.1/4 包裹；5.全裸露

（卢庆善，邹剑秋.高粱学［M］.2 版.北京：中国农业出版社，2023.）

有柄小穗位于无柄小穗的一侧，形状细长。不同品种间有柄小穗的差别较大，或者是宿存的，或者是脱落的；大的或者小的；长花梗的或短花梗的。有柄小穗常只有两个颖片组成，有时有稃。

3. 小花

无柄小穗里有 2 朵小花，较上面的小花发育完好，是可育花；较下面的小花不育，是退化花，只有 1 个稃，形成 1 个宽的、膜质的、有缘毛的相当平的苞片。该苞片部分包裹了可育小花。可育小花有 1 个外稃和 1 个内稃，均为膜质。外稃较大，顶端有 2 个游离的齿状裂片，或多少贴生在芒上或沟槽的短尖头上（图 3-10）。有时，芒卷缠或弯曲呈膝盖状。也有外稃顶端全缘的类型。内稃小而薄。在内、外稃之间有 3 枚雄蕊和 1 枚雌蕊。雄蕊由花丝和花药组成，花丝细长，顶端有 2 裂 4 室筒状花药，中间有药隔相连。雌蕊由子房、花柱、柱头组成，居小花中间，子房上位卵圆形，两心皮构成 1 室，内有倒生胚珠。子房的两侧各有 1 枚肉质浆片，呈宽短截形，上边有缘毛。浆片吸水能将颖片撑开，有助于开花。有的糯高粱品种在每个小穗上有规则地结双粒，这是由于另一朵小花也是可育的。双粒总是背靠背而生，偶尔也能发现同生种子，2 个籽粒被包裹在同一果皮里，但却是 2 个分开的胚。还有多花类型，多花在每个小穗里可以结 2～6 个分开的籽粒，还有某些多花类型是不育的。

有些品种的有柄小穗里有 3 枚花药的小雄蕊，称单性花，花药能产生正常的花粉。具有这种性状的糯高粱恢复系对制种提高结实率非常有效。因为单性花通常在无柄小穗小花开过之后才开花，从而延长了整个制种田的开花散粉期。只有极少数品种的有柄小穗具有功能的子房并产生种子，然而有柄小穗结的籽粒总是比无柄小穗结的籽粒更小些。

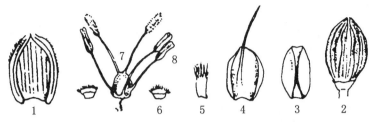

图 3-10 无柄小穗和小花的结构

1.外颖；2.内颖；3.不孕花外稃；4.可孕花外稃；5.可孕花内稃；6.浆片；7.雌蕊；8.雄蕊

（卢庆善，邹剑秋.高粱学［M］.2 版.北京：中国农业出版社，2023.）

（三）穗部茸毛

穗轴生有不同程度的茸毛，似乎所有的茸毛都长在节上，程度不同。区分出 3 种主要的茸毛类型：①细毛，多少不一的细毛均匀地遍及穗轴的表面，或者主要分布在穗轴的沟槽里；②茸毛生长在穗轴的脊上，比第一类的细毛要长；③穗轴上有粗糙硬毛状。

五、种子的形态

糯高粱成熟的种子也叫籽粒，种子结构可分为 4 个部分，最外层是果皮，往里是种皮，再往里是胚乳及胚。

（一）果皮

果皮就是由子房壁发育来的。成熟时的果皮细胞数目大约与受精时相同，只是细胞变得更大，壁已加厚。果皮包括外果皮、中果皮和内果皮（图 3-11、图 3-12）。①最外层的是外果皮，由 2～3 层长方形或矩形细胞组成。细胞壁上具有许多单纹孔，其外有不均等增厚的角质层，有时含有色素。特别是当颖片颜色较深时，色素可通过外果皮渗到胚乳组织中。②中果皮，由数层大的、伸长的薄壁细胞组成。许多品种中果皮含有淀粉，但成熟时消失。一般来说，中果皮薄的品种，碾磨加工时出米率和出粉率较高。③内果皮，由横细胞和管细胞组成。这些长而窄的横细胞与中果皮的薄壁细胞联结，其长轴与籽粒长轴垂直。管细胞约 5 微米宽，200 微米长，横切时为圆形或椭圆形，细胞的长轴与籽粒的长轴方向一致。

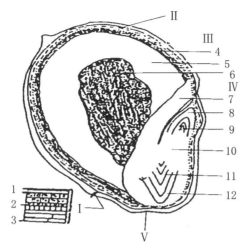

图 3-11　成熟种子的结构

1.外果皮;2.中果皮;3.内果皮(上为横细胞,下为管细胞);4.糊粉层;5.角质胚乳;6.粉质胚乳;7.盾片;8.胚芽鞘;9.胚芽;10.胚轴;11.胚根;12.胚根鞘

Ⅰ.果皮;Ⅱ.种皮;Ⅲ.胚乳;Ⅳ.胚;Ⅴ.种脐

(卢庆善,邹剑秋.高粱学[M].2 版.北京:中国农业出版社,2023.)

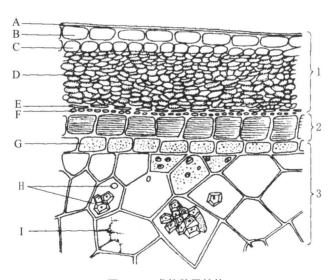

图 3-12　成熟种子结构

1.果皮;2.种皮;3.胚乳

A.角质层;B.表皮;C.下表皮;D.中果皮;E.横细胞;F.管细胞;G.糊粉层;H.淀粉层;I.蛋白质体

(卢庆善,邹剑秋.高粱学[M].2 版.北京:中国农业出版社,2023.)

（二）种皮

种皮是由内珠被发育来的。如果品种有种皮，通常是厚的、辐射状外壁及很膨胀的内壁，并与果皮紧紧相连，很难分开。种皮沉淀的色素以花青素为主，其次是类胡萝卜素和叶绿素。其含量因品种和环境条件而异。一般淡色籽粒花青素很少或没有。使种子呈现红、橙、黄、青、白等不同的颜色，根据种子的色泽，可以区别不同的品种。籽粒完全成熟时，叶绿素消失，呈现籽粒固有的色泽。种皮里还含有另一种多酚化合物——单宁。种皮里的单宁既可以渗到果皮里使籽粒颜色加深，也能渗入胚乳里使其发涩。有的品种种皮极薄，不含色素，单宁含量也极低，食用品质优良。另外，单宁在种子收获前抗穗发芽、耐贮藏和抗虫等方面具有良好作用，也有的品种没有种皮。

（三）胚乳

种皮里面是胚乳，占种子重量的 80％，是贮存供种子发芽用的营养物质。它的外层细胞内主要是蛋白质和含量较高的糊粉粒，叫糊粉层；内层的细胞里为淀粉粒所充满，叫淀粉层。糯高粱的胚乳依蛋白质或淀粉含量的多少，又分为粉质型、角质型和半角质型。粉质胚乳结构疏松，不透明，含淀粉多，含蛋白质少。角质胚乳组织紧密，半透明，含蛋白质较多，角质的籽粒营养成分比粉质的籽粒高，食味也比粉质的好，但完全为角质的品种很少，半角质品种较多。糯高粱籽粒含角质多少是品种的特性，不同的品种具有不同的角质率。

胚乳中的淀粉按分子结构又分为直链淀粉和支链淀粉。直链淀粉链长无分支，分子量较小（10000～50000 道尔顿），遇碘呈蓝色或紫色，能溶于水；支链淀粉在直链上还有许多分支，遇碘呈红色，分子量比直链淀粉大得多，且不溶于水。一般粒用高粱品种支链淀粉与直链淀粉之比为 3：1，称为粳型高粱；而糯高粱蜡质型胚乳几乎全由支链淀粉组成，适口性好，符合传统工艺酿造浓香、酱香型大曲和小曲名酒的要求。

（四）胚

胚是种子中最重要的部分，位于种子腹部的下端，是由受精卵发育而成的植物原始体，约占整个种子重量的 8％，由盾片、胚芽、胚轴及胚根四部分组成。①盾片：呈盾形，表层一层薄壁的上皮细胞，将胚和胚乳分开。②胚芽:是叶和茎的原始体,它的顶部就是茎的生长点。③胚轴:在胚芽的下部,和胚根相连,但界线不很明显,后来发育成茎。④胚根:在下胚轴的基部,为胚根鞘所覆盖,发芽伸长后就是糯高粱的种子根。

糯高粱的籽粒大小因品种和环境条件而不同,一般用千粒重表示。千粒重在 20 克以下者为极小粒品种;20.1~25.0 克为小粒品种;25.1~30.0 克为中粒品种;30.1~35.0 克为大粒品种;35.1 克以上的为极大粒品种。

第二节 糯高粱生长发育过程

糯高粱从播种到新种子成熟经历的一系列生理生化变化,大体上可以分为两个阶段。穗分化之前为营养生长阶段,穗分化开始至种子成熟为生殖生长阶段,在一定时期内,这两个阶段常同时进行。

一、糯高粱营养生长阶段

糯高粱的营养生阶段,可分为以下 6 个生长时期。

(一)出苗期

发育正常且具有活力的糯高粱种子,播种后在适宜的土壤水分、温度和通气条件下,种胚开始萌发。种子发芽时,需要吸收种子本身重量 40%~45%的水分,首先长出幼根,然后胚芽向上伸长,当有 75%的胚芽鞘露出地表时,称为出苗期。

在潮湿土壤上播种时应注意适当镇压,不宜压得过紧过实。浇水播种时,应在水全部渗下去后再播种,以防种子得不到氧气。生产上采取在播种前加强整地,增施有机肥等措施来改善土壤的结构性,提高土壤保水保肥能力,以达到苗全苗壮。

(二)三叶期

大约在出苗后 15 天,可以看见第三片叶的根基。三叶期出现的早晚,随气候条件和土壤肥力的不同而有差异,春播糯高粱所需的天数多,夏播糯高粱所需的天数少;温度和水肥条件适宜时,所需天数少,反之则多。

（三）五叶期

大约出苗后 22 天,这时可以看到第五片叶的根基,植株叶片可以伸展成为一个较大的喇叭口,叶面积增大,光合作用增强。从出苗至五叶期是糯高粱一生中生长最慢的时期,一般每日生长速度 0.8～1.2 厘米。

（四）生长点分化期

春播糯高粱的生长点分化期出现在出苗后 40～50 天,夏播糯高粱的生长点分化期多出现在出苗后 30～35 天。这个时期是糯高粱从营养生长向生殖生长过渡的转折时期,也是营养器官(根、茎、叶)与生殖器官(穗分化)并进时期。这一时期植株生长最快,光合作用旺盛,干物质积累多。植株每日增长量在 8～12 厘米,最高时达 27 厘米。从播种到生长点分化大约占全生育 1/3 的时间。

（五）末叶期

在叶轮中可以看到最后一片叶的时期。这时茎秆生长迅速,茎基部从扁圆变成粗圆。除最后 3～4 片功能叶外,其他所有叶片都已完全展开。叶片从淡绿色变为浓绿色,单株叶面积接近最大值,是整个生育过程中光合作用最旺盛的时期。

（六）挑旗期

全部叶片都达到定型长度,叶片面积达最大值。这时穗头仍包在旗叶的叶鞘内。从外形上看,整个植株呈伞形,上层 3～4 片叶较小,中层叶片最大,下层叶片最小。糯高粱茎秆继续延伸到接近最大长度时,穗柄才开始伸长,穗头露出顶脊。

二、糯高粱生殖生长阶段

糯高粱幼穗分化进程与产量有着密切的关系,当糯高粱植株拔节时,幼茎顶端的营养生长锥转变为生殖生长锥,幼穗开始发育。经过枝梗、小穗、小花、雌蕊、雄蕊等分化阶段,最后形成高粱穗。糯高粱幼穗发育进程与植株外部形态紧密相关,可以通过外部展开叶片数判断幼穗的分化进程。了解各个阶段所需要的外界环境条件,以采取相应的农业技术措施,促进增粒长穗,达到高产、稳产。糯高粱幼穗分化可以划分为以下 8 个时期。

（一）生殖生长锥分化前期

主要是分化叶、节和节间等营养器官原始体，决定植株的叶数和节数，生长锥为光滑的半圆球形，这个阶段大致出现在 10~12 片展开叶以前，植株外形尚未拔节，随着叶原基的不断分化为幼叶，幼叶之间的节间相继伸长。

（二）生殖生长锥伸长期

即由营养生长锥变为生殖生长锥的时期。生长锥分化出最后一个叶原基，就转化为生殖生长锥。植株的叶数和节数已经确定，生长锥体积明显增大，顶端逐渐突起，由半圆球形变为圆锥体状，长度大于宽度。这一时期开始的早晚与品种生育期长短以及外界环境条件有密切的关系。一般品种植株刚开始拔节，有 12~14 片展开叶。

（三）枝梗分化期

首先在膨大的生长锥基部产生枝梗原基，并逐渐向顶部发展，当顶部的第一级枝梗原基即将分化完成时，基部的第一级枝梗原基就产生第二级枝梗原基。此后，在生长锥的中下部相继产生第三级枝梗原基。此时生长锥已明显增大，对水、肥条件特别敏感，也是杂交制种中调节花期最有效的时期。

（四）小穗分化期

当第三级枝梗在生长锥基部出现时，生长锥顶端的末级枝梗上便产生了小穗原基，由上向下顺序进行，以后在小穗顶端生长锥基部产生外颖原基和内颖原基。内外颖原基的出现标志着小穗分化的开始，小穗原基分化的次序是外颖、内颖、外稃、退化小花原基，可育小花原基。植株生长加快，对肥、水反应敏感，是决定小穗数目的重要时期。此时，生长锥的长度为 1.5~2 厘米。

（五）小花分化期

在花原基顶端产生 3 个乳状凸起，即花药原基，它就是后来的 3 个花药。花药原基出现不久，在中间便形成了雌蕊原基，以后发育形成子房和花柱、柱头。这是决定小花数的重要时期。这时生长锥已长达 2~5 厘米。这个时期一般出现在孕穗末期。

（六）减数分裂期

当雄花蕊体积膨大后，子房的顶端开始分化出 2 个突起的柱头原基。雌蕊出现后不久,浆片开始分化形成。这时雄蕊药囊的药隔开始出现,基部开始居间生长,花丝随之产生。一般认为这是减数分裂期。膨大的药囊呈四棱状,囊内产生花粉母细胞,并进行减数分裂,经二分体,形成四分体,最后每个四分体发育成花粉粒。这时植株大致处在孕穗末期或挑旗初期。

(七)花器形成期

这一时期花器各部分迅速膨大。柱头上出现羽毛状腺毛,雄蕊的花丝伸长。小穗上其他各器官颖片、外稃、浆片以及花序轴(穗轴)等在体积上都迅速增大,外颖的基部出现刚毛状的毛。此后生长锥的分生组织基本上停止分化,花器各器官的生长趋于完成,生长锥的分生组织已停止分化。植株一般正处于挑旗期。

(八)花序轴伸长期

这一时期颖片继续增大,并且由黄白色逐渐变为绿色或黄色。随着花器的发育,花序轴迅速生长,即将开始抽穗(图3-13)。

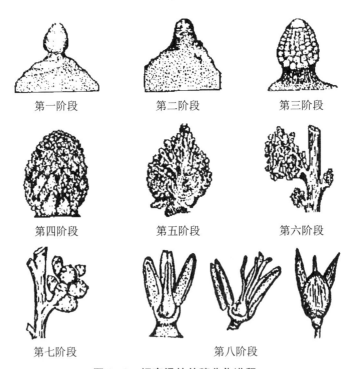

第一阶段   第二阶段   第三阶段

第四阶段   第五阶段   第六阶段

第七阶段   第八阶段

图3-13 糯高粱的幼穗分化进程

三、糯高粱的籽粒形成过程

（一）开花授粉

1. 开花

当糯高粱穗完全抽出旗叶鞘时，花序便开始开花。不同品种开始开花的时间不一样。有的是边抽穗边开花；有的是在抽穗后 2～6 天开始开花。开花顺序一般是由穗上部开始，依次是中部和下部。也有少数品种开花是先下部再逐次向上开放，还有的品种是穗中部先开，然后向上下开放。在同一小穗中，无柄小穗先开花，有柄小穗后开花。糯高粱开花是从晚 7 时至翌日早晨 7 时，开放的花朵占全日开花总数的 90.3％～96.7％；从上午 7 时到下午 7 时开花的极少。开花的最适温度为 20～22℃，相对湿度在 70％～90％。糯高粱开花时，内外颖片在浆片膨胀下徐徐张开，柱头随即露出颖外，然后雄蕊伸出。雄蕊露出后，花丝骤然伸长下垂，花药开裂而散出花粉。授粉后内外颖闭合。内外颖完全张开的时间约为 20 分钟，至授粉后闭合约为 45 分钟，一朵花的开放时间需 60～70 分钟，有的品种长达 2～4 小时(图 3-14)。糯高粱开花授粉后子房逐渐膨大，开始籽粒形成和灌浆进程。植株叶片的光合产物以及茎秆、叶鞘中原来贮存的营养物质都源源不断地集中运送到穗部籽粒中去，籽粒的体积和重量日益增加。

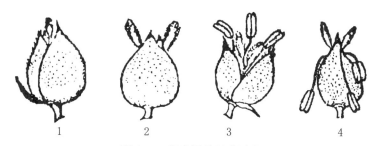

图 3-14　糯高粱的开花过程

1.将开放；2.初开放；3.完全开放；4.授粉完毕

2. 授粉

糯高粱属常异交作物，开花后在颖外进行授粉，天然杂交率较高，在 5％

左右,最高的可达 50%。异交的比率受风向、风力和穗形的影响,散穗比紧穗更易异交,穗上部 1/4 处发生的异交多于下部 3/4 处的 2～4 倍。

开花前 1 天,花粉粒尚未成熟,直到开花前 1 小时花粉才成熟,并具有萌发力。刚散粉的花粉粒生命力最强,萌发率最高,在花粉管伸长速度最快。花粉一般存活 3～6 小时,柱头有受精力可达开花后 1 周或更长,最佳授粉期是开花后 72 小时时间里。

(二)籽粒发育与成熟过程

1. 籽粒发育

糯高粱籽粒称种子,属颖果。籽粒是由子房里的胚珠发育而来的,种皮由珠被发育而来,果皮由子房壁发育而成,胚和胚乳分别由受精卵和受精极核发育而来。

2. 籽粒成熟过程

一般把高粱籽粒的成熟过程分为 3 个时期。

(1)乳熟期。籽粒中养分积累最快,粒重急剧增加,但籽粒的湿重和体积不再继续增加。籽粒含水量在 50% 以上,胚乳中充满乳白色的液汁,从清水状渐渐变为稠乳状。种皮多呈绿色和浅绿色。这一时期一般持续 7～10 天。

(2)蜡熟期。籽粒含水量继续下降至 25%～40%。籽粒的内含物逐渐凝固呈蜡状,开始时用手指可挤破,但不能流出液汁。种皮逐渐呈现出原品种固有的颜色,有明显光泽,胚的发育已经完成,籽粒逐渐由软变硬,掐破时胚乳呈蜡质状,到蜡熟后期籽粒的干重已不再继续增加,而呈固有的粉质角质,是糯高粱适宜的收获期,这一时期一般持续 5～8 天。

(3)完熟期。籽粒的种皮强韧坚硬,内含物坚实,用手不易将其压破,色泽暗淡,体积和重量也都稍有降低,籽粒含水量为 18%～25%。这一时期持续 4～6 天,这时收获已经偏迟。糯高粱从抽穗开花到完全成熟,一般需要30～60 天,也常因品种和外界环境条件而有所差异。一般早熟品种灌浆速度快,时间短;晚熟品种灌浆速度慢,持续时间长。

第三节　糯高粱生长发育与环境条件

糯高粱生长发育与外界环境条件有密切的关系,其中以温度、日照、水分、养分和土壤最为重要。

一、温度

糯高粱是喜温作物,生育期中要求较高的温度。中熟和中晚熟品种,从出苗到成熟一般必须有 2500～2800℃的积温,才能满足生长发育的需要。不同生育阶段对温度的要求也不相同。

(一)种子发芽

糯高粱种子发芽的最低温度为 6～8℃,但发芽慢,在土壤中经历的时间长,容易霉烂,影响出苗和全苗。一般在表土 10 厘米温度稳定在 12～13℃时播种,经过 10～12 天可以出苗。土壤温度在 18℃时,经过 4～5 天可以出苗。糯高粱种子发芽的最适温度为 20～30℃,播后 3～4 天可以出苗,幼苗比较健壮。

(二)出苗至拔节

糯高粱从出苗到拔节最适宜的温度为 20～25℃,如果温度降至 10℃以下,则幼苗生长缓慢或停止生长;若降到 0℃以下就会遭受冻害。苗期温度过高,幼苗生长加快,提早拔节,植株茎秆细弱,分蘖增多,容易倒伏。

(三)拔节至抽穗开花

从拔节到抽穗开花是糯高粱生长发育最旺盛的时期,其间最适宜的温度为 25～30℃;温度偏高,植株生长过快,植株细弱,抽穗提早,穗子变短,当温度超过 38℃时易发生"灼烧"现象,开花授粉不良;如果温度偏低,则生育延迟,植株矮小,抽穗期推迟,影响穗部发育,贪青晚熟,授粉不良,导致减产。

(四)灌浆至成熟

灌浆至成熟阶段需要较低的温度和较大的昼夜温差,有利于营养物质向籽粒运输,但温度不宜低于 20℃。如果此期遇长时间低温,粒色很快会转浓,出现"逼熟"的现象。温度降至 15℃时,会停止灌浆,影响成熟,降至 11℃以下,则不能成熟。因此,在生产上必须根据糯高粱品种不同阶段对温度的要求,因地制宜,采取措施,尽可能避开当地不利气候条件,促进糯高粱正常生长发育。

二、日照

糯高粱属短日照作物,日照长短对糯高粱的生长发育有很大的影响。日照不足会引起糯高粱晚熟减产。晚熟品种从拔节至成熟及全生育期所需日照总时数多于早熟品种。充足的光照条件,在生育前期可使幼苗生长健壮。光照不足则幼苗生长缓慢,植株细弱。在自然条件下,高纬度地区的品种引到低纬度地区种植,因日照时间减少而提早抽穗和成熟,生育缩短,产量降低。低纬度地区的品种引到高纬度地区种植,则因日照时间延长,又表现为植株高大,茎叶繁茂,不能抽穗结实。如果每天给予一定时间的遮光处理,缩短日照时间,就能够促进糯高粱抽穗和成熟,若每天延长日照时间,又会延长它的生育期。这表明温度和光照对糯高粱的生长发育起重要作用。在引种糯高粱品种时,应注意原产地的纬度和温度条件,不能与当地有太大的差别,并要经过小面积的试验、示范程序,再决定是否适宜大面积推广。据试验,日照时间的长短对糯高粱生长发育的影响,与糯高粱生育期夜间温度有密切的关系,在白天温度 27～32℃、夜间温度 21℃时,一般糯高粱品种都能顺利达到开花期,在 12 小时日照条件下,温度高的比温度低的植株开花早,从播种到开花的时间则显著延长。

三、水分

糯高粱具有较强的抗旱耐涝能力,不仅能抗土壤干旱,也能耐大气干旱。糯高粱的根、茎、叶在生理构造上都具有抗旱的特点,整个植株在缺水时,还能产生抗旱反应,进入休眠状态,暂时停止生长。糯高粱的蒸腾系数仅为322,全生育期降雨量 400～500 毫米,分布适宜,即可满足需要。

糯高粱生长发育过程中,根系吸收养分,叶面蒸腾和各种物质转化,都必须在适宜的水分条件下才能进行。据研究,糯高粱每生产1千克干物质需水300～400千克,每生产1千克籽粒需水1000～1500千克。在整个生育期内,一般每亩糯高粱的总需水量为320～380立方米。不同生育阶段占全生育期总需水量的百分比,播种至拔节约占10%,拔节至抽穗约占50%,抽穗至开花的占15%,开花至成熟约占25%。在正常的栽培条件和需水范围内,糯高粱的产量是随着供水量的增加而提高的,高产地块生产的干物质多,耗水量就必然增加,但形成每千克籽粒的需水量则相对减少。糯高粱需水量的多少,受品种特性、自然条件和栽培措施各方面因素的影响。例如植株高大、茎叶繁茂的品种,高温大风天气,密度较大地块,容易渗漏的沙性土壤等,都能使需水量增加;反之、则需水量减少。

糯高粱一生中对水分的要求:①种子发芽时最少,相当于种子重量的40%～45%。幼苗生长缓慢,叶面积小,蒸腾量少,需水不多。糯高粱从播种到出苗,要求土壤含水量以17%～18%为宜,黏壤土20%～22%,土壤含水量太低,墒情差,不利于出苗和全苗。通常需要30毫米降雨量即可满足。②从拔节至抽穗开花期,是需水量最多的时期,需要200～300毫米的降雨量。水分亏缺容易造成"卡脖旱",降低产量。③挑旗到抽穗开花期若遇干旱,则植株提前开花,花粉量减少,影响授粉。如果遇连续阴雨,又会造成"淹脖",或使花粉破裂,授粉不良,严重减产。④糯高粱籽粒灌浆期,需水量相对较少。糯高粱和其他旱地作物相比,有较强的抗旱性,它有强大的根系,细胞内的渗透压较高,在土壤干旱条件下,仍然能吸取一定的水分供植株生长。同时叶片可以卷曲起来,以减少水分的蒸腾散失。

四、养分

糯高粱具有较强的适应性和耐瘠性,同时又有较高的吸肥力,一生中需要吸收大量的养分。增施肥料,满足糯高粱对养分的需要,一向被认为是重要的增产措施,糯高粱需要的营养元素很多,其中数量较大的是氮、磷、钾。每生产100千克籽粒大约需要氮素2.6千克,五氧化二磷1.36千克,氧化钾3.06千克。糯高粱各生育期对营养元素的要求是不同的,幼穗分化期需肥最大(表3-1)。

表 3-1　杂交糯高粱各生育期对氮、磷、钾的需求比例

生育期	N(%)	P₂O₅(%)	K₂O(%)
苗期	13.4	12.0	20.0
幼穗分化期	63.8	86.5	73.9
籽粒形成期	22.8	1.5	6.1

氮、磷、钾三大营养元素的功能：①氮。氮为蛋白质和叶绿素的主要成分，能促进根、茎、叶的生长和种子的形成。氮素营养缺乏，植株生长缓慢，茎秆细弱，叶片窄小，叶色变黄，生育延迟，穗小粒少，产量降低。②磷。糯高粱需磷量虽较氮、钾少，约相当于氮素的一半，但磷的生理作用重要。磷是细胞核的主要成分，是构成酶的重要元素，能促进生根、分蘖、开花、结实，提早成熟，在低温年份，施磷肥能加速植株生育，防御低温冷害效果显著。若磷素营养不足，会影响植株对氮、钾养分的吸收，导致根系发育不良，植株生育迟缓，贪青晚熟。③钾。糯高粱对钾素的需求量较大。钾参与有机物质的合成、转化和运输，有助于淀粉和糖分的形成，增强茎叶的机械功能，抗倒伏，并能提高抗病、抗旱和抗寒能力，改善籽粒品质。钾肥与磷肥相结合施用，可促进植株生育，提早成熟。糯高粱对钾素的需要量较大。

五、土壤

糯高粱在土壤肥沃、结构良好的土壤条件下生长良好，能获得高产稳产。糯高粱对土壤的适应性较广，要求不严格，在瘠薄的土壤上也能生长并获得一定的产量，黏土、壤土或沙土地均能种植。还可种植于待熟化的生土地块。以壤土地产量最高，其次是黄土地和黑土地，再次是黄黏土、黑黏土、沙土。如湖北省竹山县，2023 年在荒山开发的梯坪地上，种植糯高粱，也获得亩产 260 千克的产量；在肥沃而疏松、排水良好的壤土地最适宜，一般亩产 500 千克左右，高产地块超过 600 千克。

糯高粱要求微酸性至微碱性土壤，适宜在 pH 值 6.5～7.5 的土壤种植。抗耐盐碱能力比较强，幼苗期在 20 厘米土层含盐量在 0.3% 以下及氯离子在 0.04% 以下的环境中也能良好生长，还有改良盐碱地的能力。

品种不同，糯高粱对土壤要求也有明显差异，在育种上，应根据不同的土壤、不同肥力，选育适宜的品种。

第四章 糯高粱生态区划 与品种选用

本章着重介绍糯高粱栽培生态区的划分、糯高粱种植制度、糯高粱品种选择。

第一节 糯高粱栽培生态区的划分

我国糯高粱分布范围非常广泛,东起台湾地区,西至新疆维吾尔自治区,南起海南省的西沙群岛,北至黑龙江省的爱辉区。跨越了热带、亚热带、暖温带、温带、寒温带共五个气候带。从历史上看,我国糯高粱分布主要在黄河以北的广大地区,糯高粱种植面积占全国糯高粱种植总面积的65%左右;其次是黄河与长江之间的地区,糯高粱种植面积占全国总面积的29%左右;长江以南糯高粱种植面积较少。随着市场经济的发展和高粱白酒产业的兴起,南方地区的贵州、四川、重庆、湖北、湖南等省酿酒糯高粱种植面积迅速扩大。

一、糯高粱栽培生态区

根据糯高粱栽培各地区的农业气候资源,土壤类型等不同,以及栽培制度、品种类型的区别,结合农业自然区划等,将全国高粱栽培分为4个区:春播早熟区、春播晚熟区、春夏兼播区和南方区。

(一)春播早熟区

1. 区域范围和气候特征

本区位于我国糯高粱栽培地区的最北部。东起黑龙江省东界,西至新疆维吾尔自治区的伊宁,北至黑龙江省爱辉区,南到甘肃省甘南藏族自治州的临潭,位于北纬 34°30′~50°15′。本区包括黑龙江、吉林、内蒙古等省(自治区)全部;辽宁省抚顺、本溪、朝阳市的山区,铁岭及阜新市的大部;河北省承德、张家口坝下地区的一部分;山西省晋北 2 个小盆地及晋西北的平鲁、偏关以北的部分地区;陕西省府谷、神木、榆林、横山、靖边北部地区;宁夏回族自治区的干旱区和南部地区;甘肃省陇中和河西地区;新疆维吾尔自治区的北疆平原及准噶尔盆地和伊犁河谷。全区海拔高度 70~3000 米。年平均气温 2.5~7.0℃,日平均气温≥10℃的有效积温 2000~3000℃。年降水量为 100~700 毫米,自东向西递减。大部分雨水集中在 7—8 月。全区属寒温带季风气候,带有明显的大陆性气候特征。本区地形地势复杂,既有平原和山地,也有谷地和高原。

2. 土壤和栽培制度

本区属旱作农业区。土壤类型有黑钙土、黑土、棕黄土,其次有灰钙土、棕钙土和漠钙土。大部分土壤熟化程度不高,土壤有机质含量丰富。无霜期 115~150 天,由于生育期较短,栽培制度为一年一熟。糯高粱常与玉米、谷子、小麦、大豆实行轮作或间作。通常在 4 月下旬至 5 月上旬播种,9 月中、下旬收获。

本区所用糯高粱品种或杂交种的生育期多在 100~130 天,穗型为中紧穗或中散穗。本区东北各地的种植形式为垄作清种;华北、西北各地为平作清种。耕作较粗放,栽培技术水平相对较低。春播易受春旱影响,造成缺苗断条。抽穗后,还易遭受低温冷害,造成瘪粒和瞎粒而减产。虽然本区糯高粱的平均产量不高,但增产潜力较大。

(二)春播晚熟区

1. 区域范围和气候特征

本区是我国糯高粱种植面积最大的产区。东起辽宁省丹东,西到新疆维吾尔自治区喀什,北与春播早熟区临界,南至山东、河南、湖北、四川等省的北界。位于北纬 32°~42°30′。本区包括辽宁省沈阳、鞍山、营口、大连、锦州市全部,丹东、本溪、抚顺、朝阳市部分;北京市、天津市;河北省承德、张家口地区一部分,唐山、廊坊、保定、石家庄地区全部;山西省平鲁、偏关诸县以南的晋北和晋西北地区的大部,晋东、晋中、晋西、晋东南、晋南地区全部;陕西省府谷、神木、榆林、横山、靖边、定边诸县以南长城沿线风沙区的局部，以及陕西省丘陵沟壑区、渭北高原区、关中平原区、汉中盆地、巴山山区全部；宁夏回族自治区银川黄灌区；甘肃省陇南、陇东地区；新疆维吾尔自治区的南疆和东疆盆地。

全区海拔高度为 3～2000 米。年平均气温 8～14.2℃，1 月平均气温 −12.6℃，日平均气温≥10℃的有效积温 3000～4000℃。年降水量 16.2～900 毫米，多集中于夏季。大多属半湿润气候，局部属温带干旱、半干旱气候，少数地区还具有海洋性气候特点。

2. 土壤类型和栽培制度

本区主要土壤有棕壤、褐土、棕色荒漠土。肥力中等，土壤熟化程度高。无霜期 160～250 天，栽培制度以一年一熟为主，兼有二年三熟或一年二熟制。糯高粱品种类型多以紧穗或中紧穗为主，且适于密植的高产中晚熟或晚熟品种（杂交种）为主栽。本区糯高粱生产技术水平和单位面积产量均较高，是全国糯高粱总产量所占比很大的产区。

（三）春夏兼播区

1. 区域范围和气候特征

本区东起山东省半岛，西至四川省西部，北与春播晚熟区接壤，南到江苏、安徽、四川、湖北等省的南界。处于北纬 24°51′～38°15′。包括山东、江苏、河南、安徽、湖北等省的全部；河北省的沧州、衡水、邢台、邯郸部分地区，四川省的大部分。全区海拔高度 20～3000 米，整个地势由东向西渐次升高。

年平均温度 14～17℃，1 月平均气温−8～−2℃，日平均气温≥10℃的有效积温为 4000～5400℃。由于受东南季风影响，降水充沛，年降水量 600～1300 毫米。受地形、地势影响，本区气候表现不一，东部滨海地区为海洋性气候，内陆平原地区为大陆性气候，西部高原地带属高原气候。纵观全区则属于暖温带湿润气候和亚热带半湿润气候。

2. 土壤和栽培制度

本区就土壤肥力而言，由于高温多湿，土壤淋浴作用强，有机质含量低，肥力也较低。本区域历来是我国主要的农业区，糯高粱多分布在山东省盐碱地一带、河南省东部、江苏省北部、安徽省淮河流域等地。

本区无霜期 200～280 天,栽培制度为一年二熟或二年三熟制。糯高粱在本区既可春播又可夏播。随着耕作制度的改革,渐以夏播占多。春播糯高粱多在低洼易涝、土质瘠薄和盐碱地上种植。夏播糯高粱多与冬小麦复种,分布于平肥地上。个别劳动力充足又能精耕细作的地区,也常采用间套种的栽培制度。本区的耕作方式为平作,多用中紧穗、中散穗或散穗型的高秆中熟品种和中秆杂交种。糯高粱籽粒以综合利用为主,多用来酿酒和制糖。

（四）南方区

1. 区域范围和气候特征

本区位于长江以南,北与春夏兼播区相接,南至西沙群岛,东起台湾地区,西至云南省滇西地区,位于北纬 $18°10'～31°16'$。本区包括华中地区南部,华南地区全部。本区海拔高度 400～1500 米,年平均气温 16～22℃,1 月平均气温 2～18℃,日平均气温 ≥10℃ 的有效积温为 5000～7500℃,雨量丰富,年降水量 1000～2000 毫米。本区地城辽阔,地形地势复杂,气候也有差异,既有热带、亚热带季风气候,又有亚热带高原、海洋性气候,基本上属于热带亚热带季风气候。

2. 栽培制度

本区糯高粱为春播、夏播和秋播,也常采用再生栽培或育苗移栽的种植方式。本区无霜期 240～365 天,多用糯质、中早熟、耐螟虫的散穗型品种或杂交种,如红缨子、青稞洋(泸州)、七叶黄(岳阳)、马尾高粱(龙山)、短子高粱(毕节)、糯高粱(丽江)等,杂交种有泸杂 4 号、金糯粱 1 号、川糯粱 2 号、两糯粱 1 号等。本区所用品种,在温光反应上大多较为敏感。栽培上为多熟制,一年四季均可种植糯高粱。糯高粱籽粒基本上作酿酒主料。本区有较多高粱名白酒,如茅台、五粮液、泸州老窖等。

在上述 4 个高粱栽培区的边缘区域,其耕作方式、轮种形式、品种类型、栽培技术等方面有交叉。

二、糯高粱优势带区域

随着我国市场经济的发展,为提高糯高粱产业总体效益,提升糯高粱品种品质、降低生产成本、优化品种结构,加速构建"高产、优质、高效、生态、安全"的糯高粱生产技术体系,把全国糯高粱生产分为 4 个糯高粱优势区域带,即东北优质酿造糯高粱优势区域带,华北、西北、西南优质酿酒糯高粱优势区域带,黄河至长江流域糯高粱潜在优势区域带。

（一）东北优质酿造糯高粱优势区域带

1. 区域范围和特点

本区南起辽宁省,经吉林省,内蒙古自治区东北部,北到黑龙江省,北纬 39°59′～50°20′,包括辽宁省的锦州、葫芦岛、阜新、朝阳,内蒙古自治区的赤峰、通辽,吉林省的白城、松原、长春、四平,黑龙江省第一、第二积温带的广大地区。这一区域历来是我国糯高粱主产区,历史上种植面积最多达 267 万公顷,素有"漫山遍野的大豆、糯高粱的自然景观"。随着生产条件的改善和人们生活水平的提高,糯高粱种植面积已经减少,目前种植面积约有 53 万公顷,主要分布在半干旱地区。

该优势带糯高粱生产的特点是我国高粱一季作单产最高的地区,如辽宁省全省糯高粱平均单产达 6000 千克/公顷,小面积最高单产达 15000 千克/公顷以上。糯高粱籽粒的用途,历史上主要是食用、酿酒用和饲用;目前主要是酿酒用,其次是食用。

2. 发展目标和主攻方向

东北优势带生产的糯高粱,除满足本区域酿酒用、加工成优质糯高粱米供应市场外,大部分由我国大型优质白酒厂收购作为酿酒原料。

东北是我国糯高粱主产区,其种植面积因糯高粱市场需求趋旺而稍有增加。辽宁省的锦州、阜新、朝阳、葫芦岛地区主攻优质糯高粱米生产,供内销和出口。中北部地区重点发展优质酿酒糯高粱生产,籽粒主要用于酿酒。

（二）华北、西北酿造糯高粱优势区域带

1. 区域范围和特点

该区东起河北省、西至新疆维吾尔自治区,包括山西省、陕西省、宁夏回族自治区、甘肃省、内蒙古自治区西部等地,东经 74°30′～119°12′。这一区域包括河北省的秦皇岛、唐山、承德、张家口、衡水、沧州等,山西省的忻州、晋中、大同、晋城、吕梁等,陕西省的宝鸡、榆林、绥德、延安等,内蒙古自治区的西部旗、县,宁夏黄灌区,甘肃省的陇东、陇南市,新疆维吾尔自治区的南疆和东疆盆地等地区。

这一区域位于我国北方干旱、半干旱地带,历史上曾是我国高粱主产区,最多年种植面积达 167 万公顷,目前种植面积约 34 万公顷。糯高粱籽粒主要作酿酒原料,如山西省著名汾酒酒业集团每年酿酒需要糯高粱原料 16 万吨,内蒙古河套老窖酒业集团每年需糯高粱原料 15 万吨。其次糯高粱籽粒作食用,以面食为主。

本区糯高粱生产的特点,由于降雨少,干旱是糯高粱生产的限制因素,糯高粱单产不稳定。以山西省为例,高的年份可达 4500 千克/公顷以上,低的年份只有 1500 千克/公顷。

2. 发展目标和主攻方向

本区域高粱种植面积仍将保持现有的种植规模 33 万～40 万公顷。主要生产供酿酒用的粳型粒用高粱。此外,随着开发大西北步伐的加快,以及畜牧业的发展,为保证饲料和饲草的有效供应,高粱饲草要有较大的发展。

（三）西南优质酿酒糯高粱优势区域带

1. 区域范围和特点

该区域位于我国中南、西南部分地区,包括湖北省的恩施、十堰、神农架林区、宜昌市和襄阳市的西部山区,湖南省的湘西、黔阳、郴州、岳阳、零陵等,四川省的泸州、江津、宜宾、绵阳、西昌等,重庆市的万州,贵州省的遵义,毕节、铜仁、黔南等地。这一区域带是我国的一个特殊糯高粱种植区,为湿润种植区。

该区糯高粱生产的特点是种植比较分散,面积都不是很大,2022 年种植面积 21.5 万公顷。由于无霜期较长,一年可以生产 2～3 季,而且可利用糯高粱的再生性,进行第二季和第三季糯高粱生产。该区种植的糯高粱,其籽粒几乎全部用于酿制高粱白酒。这一区域是我国高粱名牌白酒主要产地。以四川省为例,全国评选出的 13 个名白酒中,四川省就有 5 个。高粱酿酒业的发展,增加了对糯高粱原料的需要,从而拉动了糯高粱生产的发展,使这一区域成为我国糯高粱生产的优势带。

2. 发展目标和主攻方向

为满足本区域酒业酿制名牌白酒对糯高粱原料的需要,应大力发展糯高粱生产,种植面积扩大到 30 万公顷以上。主攻方向是高产、优质、多抗糯高粱杂交种的选育和推广,以及糯高粱高产、高效栽培技术的研制和应用。采取企业＋科研＋农户的模式,实行订单生产。

（四）黄河至长江流域糯高粱潜在优势区域带

1. 区域范围和特点

该区域带位于黄河与长江之间的广大地区,包括山东省的滨州、惠民、德州、菏泽、聊城、济宁、临沂等,江苏省的徐州、淮阴等,安徽省的淮北、宿县、阜阳等,河南省的商丘、开封、安阳、南阳等,江西省的上饶、宜春、九江等,湖北省的襄阳、枣阳等地区。北纬 28°30′～37°10′,东经 107°12′～122°30′。这一区域曾是我国糯高粱主产区之一,最多年种植面积达 20 万公顷。从生产发展看,该区将是我国糯高粱生产潜在的优势区域带。

这一区域正是糯高粱生产的理想地区。因为黄河、长江流域的生态条件适合糯高粱生长。当糯高粱生育旺盛急需水分的时候,恰逢这里高温、多雨季节,正好满足了糯高粱生长发育对热量和水分的需要。尤其是这一区域里的盐碱、滩涂等低产田面积较大,是发展糯高粱生产的优势区域带。

同时,糯高粱生育期短,在长江流域一年收获两季,糯高粱用种子繁殖,每公顷用种量 15 千克,且易机械化播种和收获,因此糯高粱生产成本相对较低。这一区域发展糯高粱生产是非常有前景的。

2. 发展目标和主攻方向

这一区域是糯高粱生产潜在的优势区域带,尤其山东、江苏等省沿海盐碱地面积较大,发展糯高粱生产更有优势。发展目标达到 20 万公顷以上,以保证糯高粱生产的出口。主攻优质、高产高粱杂交种选育和推广。

第二节 糯高粱种植制度

糯高粱种植制度是依据气候、土壤、水资源等自然生态条件,因地制宜推广轮作、间作、套作和连作复种。

一、糯高粱轮作种植

（一）糯高粱实行轮作的原因

1. 糯高粱不宜连作

多年生产实线表明，糯高粱连作（重茬）减产。其主要原因是糯高粱需肥量较大，吸肥多，使土壤肥力下降。据美国科学家研究，糯高粱根系能分泌较多的蔗糖，微生物在分解过程中因固定土壤中的硝酸盐，使有效氮减少，会对后茬作物产生不良影响。糯高粱收获后，0～30厘米土层残存氮量，仅为玉米或大豆茬地的28.8%。糯高粱从土壤中吸收的氮素是根茬残留量的9.5倍，吸收的磷素是残留量的7.7倍。吕家善等（1982）根据对4种作物茬口的土壤养分分析结果表明，他们残留给土壤的氮、磷、钾及有机质的数量大小顺序是玉米＞棉花＞大豆＞高粱。

在干旱年份，糯高粱连作茬地的水分状况明显不如其他作物茬地。特别是糯高粱生育前期的土壤含水量比玉米茬地少2.88%～3.84%（10厘米深）和2.47%～2.61%（20厘米深）；比大豆茬地少2.8%～4.5%（10厘米深）和1.62%～2.23%（20厘米深）。

糯高粱连作使病虫害加重。调查发现，连作3年后高粱丝黑穗病发病率可达30%以上，而轮作3年的发病率仅有1%～2%。连作糯高粱地的蛴螬数量比玉米、大豆、棉花、向日葵茬地都多，发生严重的地块，每平方米有蛴螬9.2头，缺苗率达9.8%。

2. 糯高粱轮作增产的原因

糯高粱实行轮作增产的原因：一是轮作有利于均衡利用土壤中的各种养分。据全国多点试验结果，高粱轮作比连作增产20%以上。二是轮作能够减轻病害。据辽宁省调查，高粱连作1年的黑穗病发病率为4.4%～6.3%，连作2年的为3.7%～19.0%，连作3年的高达11.0%～38.2%；相反，轮作地发病率仅有1.6%～5.0%。三是糯高粱轮作可减少落生糯高粱。在糯高粱主产区，因多年种植，往往有一些成熟早、易落粒的糯高粱，人们称为"落生高粱"或"野生高粱"，籽粒落到田里，次年在土壤温度和水分适宜条件下都可发芽生长。出苗与当年种植的高粱幼苗相似,但由于出苗早、成熟早、穗子小,成熟时易掉粒,既降低产量,又降低品质。

3. 糯高粱对前、后茬的要求和影响

多年的生产实践表明,为获取高产,糯高粱的前茬最好是大豆,其次是施肥较多的小麦和棉花等作物。玉米套作大豆也是很好的茬口。

糯高粱对后茬作物的影响是存在的。一般情况下,糯高粱地种植小麦的产量不如玉米地的产量高。这是由于糯高粱对氮素和灰分的消耗量大于玉米,明显影响后作小麦的产量。

(二)糯高粱轮作的方式

我国各糯高粱产区轮作方式广泛多样,内容也较丰富。主要是由各地的自然条件、气候特点、作物构成和种植习惯所决定的。

1. 春播区

本区为我国糯高粱主产区,基本上为一年一熟制。糯高粱轮作周期一般为2~3年或3~4年。东北地区多以糯高粱作为大豆后茬与玉米、大豆等作物轮作。基本轮作方式为糯高粱→大豆,糯高粱→谷子→大豆,糯高粱→大豆→春小麦,糯高粱→大豆→谷子→玉米,糯高粱→大豆→春小麦→玉米。根据农民实践经验,糯高粱种在大豆茬上,土热潮,早熟,高产。岗地、坡地及丘陵地区为玉米间作大豆→糯高粱→谷子或棉花→糯高粱。低洼盐碱地区为玉米间作大豆→糯高粱→陆稻,大豆→糯高粱等。

华北地区多为两年三熟轮作制,轮作方式比较多,主要方式有冬小麦→豆类、糜子→糯高粱→玉米→谷子;棉花→糯高粱→冬小麦→玉米。

轮作方式要注意发展绿肥等养地作物,尤其在瘠薄、干旱地区,实行粮肥轮作,用地养地相结合,肥田改土,有利于糯高粱增产和土壤肥力提高。

2. 夏播区

该地区以一年二熟或两年三熟制为主,冬作物主要是冬小麦、油菜籽,夏作物主要是玉米、糯高粱、花生、甘薯、谷子等。主要轮作方式有春糯高粱→冬小麦→夏糯高粱,春糯高粱→冬小麦→夏谷子→春玉米→冬小麦,夏糯高粱→豌豆→冬小麦,春糯高粱→冬小麦→夏大豆(或甘薯、花生、玉米、谷子)→春玉米→冬小麦→夏糯高粱。该地区轮作特点,为糯高粱与其他作物生育期相互调节,充分利用土地的自然资源。

3. 南方区

该区为一年多熟制,在旱地上糯高粱与花生、大豆、甘薯等作物轮作,在水田糯高粱与水稻实行轮作,轮作方式较多。主要轮作方式有春糯高粱→再生高粱→冬油菜,冬小麦(冬油菜)→夏糯高粱→冬马铃薯,水田有春糯高粱→双季晚稻→冬绿肥,冬小麦→夏糯高粱→冬绿肥等。

二、糯高粱套作种植

套作是两种作物相间种植,但两种作物的生育期长短不同,其中一种作物生育期较短,可以在相同时间或大体相同时间播种,生育期短的作物可大幅提前收获。与糯高粱套作的主要作物有马铃薯、冬小麦等。

（一）糯高粱与马铃薯带状套作

模式一:按170厘米宽开沟定厢,种半留半,冬季先种植两行马铃薯,行距35厘米左右,预留一半次年4月套栽(种)2行糯高粱,行宽35厘米左右,糯高粱与马铃薯行间距60厘米左右。这种模式可以充分利用土地,使马铃薯与糯高粱双丰收。

模式二:厢宽255厘米,冬季按85厘米起垄,马铃薯种植2垄,垄上行距30~35厘米,穴距依据品种特性设置;预留1垄种植糯高粱,4月上旬播种或移栽,垄上两行行距35~40厘米,株距10~15厘米。

（二）糯高粱与大豆带状种植

糯高粱按85厘米宽开沟起垄,垄上种植2行糯高粱,行距35~40厘米,株距10~15厘米;预留170厘米种植大豆,行距35厘米,穴距依据品种特性而定。

（二）糯高粱与中药材带状种植

根据耐阴中药材植株生长需要,选择适宜的种植带宽、糯高粱与中药材的行比,一般是两行糯高粱,3~4行中药材,糯高粱植株能够给中药材植株起到遮阴的作用为宜。

三、糯高粱复种

复种是指在一年的生长季节里，上茬作物收获后再种上一茬作物，也于当年收获，称为复种。复种可以一年二收，或一年三收。有时为了解决生育期不够的问题，在上茬作物收获前，先把下茬作物采取播种育苗，待上茬作物收获后，再移栽到上茬作物地里，称为复栽。

糯高粱通常作为下茬作物与冬小麦、马铃薯、油菜、蚕豆、豌豆等作物复种。复种应把握好的主要技术环节：一是选好品种。选择适宜生育期的上、下茬作物和品种，既能充分利用当地的光热资源，又能保证两季正常成熟，达到产量和效益最大化。如小麦→糯高粱，马铃薯→糯高粱，油菜籽→糯高粱，蚕、豌豆→糯高粱，蔬菜→糯高粱等。二是争时间抢种（栽）。上茬作物成熟收获后，抢时间机耕整地，力争早播糯高粱。农谚有"春争日，夏争时"之说，意思就是要充分利用夏日的光热条件，抢时耕种。前茬作物收获后，采取机械旋耕、施肥、播种、压土一体化操作，抢时、保墒，力争一播全苗。

第三节　糯高粱品种选择

优良品种在农作物增产中起着重要作用，据研究，应用优良品种的增产效率占作物总增产效率的 43% 左右。选用优良品种要与当地的自然环境、经济条件、种植技术等因素相结合，才能达到预期的增产效果。

一、选用优良品种的适宜条件

（一）自然条件

选择适宜的优良糯高粱品种，需要考虑的自然条件有气象、地理和土地条件、当地流行的病虫害等。

1. 气象条件

包括无霜期的长短，积温的多少，光照强度和长度，降水量及其分布，极端高温、低温和风力的强度与分布等。例如，在无霜期较短、积温不多的地区,糯高粱容易受到低温冷害的影响,因此要选择早熟、后期灌浆速度快、易脱水的品种;在降雨偏少又无灌溉设施的地区,宜选择耐旱的品种;在风力较大,生育期间常有大风发生的地区,宜选择抗倒伏能力强的矮秆品种。

2. 地理条件

地势的高低,包括山区、丘陵、平原、湖区等。这些地理条件的综合效应决定了该地区局部小气候特点。根据小气候特点选择适宜的品种。

3. 土地条件

土壤的类型,包括黏土、壤土、沙土、沙壤土、盐碱土等,土壤熟化的程度,土壤结构和肥力状况等,据此选择高产、中产、低产的品种,喜肥品种还是耐瘠薄品种。

4. 常发病虫害

根据当地主要流行的病虫害及危害程度,选择相应的抗(耐)病品种或抗虫品种。

5. 良种良法配套

任何糯高粱品种的适应范围都是有限的,因此适地适种、因地而种、良种良法配套均是必要考虑的因素。由于品种间对自然灾害和逆境条件的适应能力不同,以及年度间气候的差异和灾害发生的不同,因此选择和种植单一品种常因对某种突发性自然灾害的敏感或抗逆性不强而造成减产。例如,高粱丝黑穗病菌生理小种的变异,成为优势小种而使生产品种感病造成减产。因此,在一个农业生态区,选择生产用的品种不宜太单一,一般以 1~2 个主栽品种,再搭配 1~2 个辅助品种为宜。但也不宜过多,否则出现多乱杂,不便管理,产品质量难得达到标准。

(二)经济条件

经济因素主要包括当地社会经济发展状况、生产条件和技术水平、生产目的和产品用途、生产资料、农业机械、劳动力状况等。

糯高粱生产目的和产品用途,主要有酿造、粒用、工艺用等。选择品种时,首先要考虑生产目的和用途,其次是生产条件和技术水平。生产条件、生产资料是否优厚,包括农用物资肥料、农药、生产机具等;生产技术是集约化,还是粗放式的;当地劳动力是否充足,农业机械化程度等,都是选择糯高粱品种的重要条件。

二、选择优良品种的原则

(一)合规

糯高粱列入《第一批非主要农作物登记目录》的 29 种作物之一。按照《非主要农作物品种登记指南》的通知要求,申请高粱品种登记,申请者要向省级农业主管部门提出品种登记申请,填写《非主要农作物品种申请表(糯高粱)》,提交相关申请文件;省级部门书面审查符合要求的,再通知申请者提交种子样品。

填写登记申请表的相关内容应当以品种选育情况说明、品种特征特性说明(包含品种适应性、品质分析、抗病性鉴定、转基因成分检测等结果),以及特异性、一致性、稳定性测试报告的结果为依据。用于生产推广的糯高粱品种,应选择登记的品种。

(二)安全

选择适应当地气候条件,保证能够正常成熟的品种。根据当地的热量、无霜期等资源条件,选择能够安全成熟并不影响下茬作物适期播种的高粱品种。热量资源充足、无霜期较长的地区,宜选用生育期较长、产量潜力大的晚熟或中晚熟高粱品种;热量资源较差的地区,宜选用中熟或早熟品种。

(三)高产

选择适宜当地耕地土壤条件的品种。丘陵、岗地温度高,肥水条件好的地块宜选择生育期长的晚熟品种;平地温度较高,水肥条件一般的地块宜选择中晚熟品种;洼地温度低、易积水,或肥力差的地块宜选择中早熟品种;其次是选择适宜当地生产管理条件的品种。农作物是"三分靠种,七分靠管"。生产管理精细的地方,选择产量潜力大的品种;管理粗放的地方,选择稳产性比较好的品种。

(四)优质

根据市场需求,选择不同类型品质优良的品种。例如,用于酿造的籽粒糯高粱,选择籽粒淀粉含量≥65%,其中支链淀粉含量占总淀粉含量比≥95%,单宁含量1.5%左右,蛋白质含量7.0%~9.0%,脂肪含量≤4%。用于养殖业作饲料的糯高粱,选择蛋白质和脂肪含量比较高、单宁含量低的品种,食用口感好,养殖效率高。

（五）抗灾

选择抗御当地自然灾害和生物灾害能力比较强的品种。糯高粱高秆品种,最怕中后期遇暴风雨造成倒伏,宜选择株型紧凑、茎秆矮壮的品种;在常发病虫害的地方,要选择抗、耐、避病虫性强的品种。

三、生产上推广的糯高粱品种

根据全国农业技术推广服务中心《2022年全国农作物主要品种推广情况统计》,全国高粱推广面积10000亩以上的品种有194个,合计面积948万亩。

（一）推广品种面积较多的地区

推广高粱品种面积较大的省(自治区、直辖市)有内蒙古247万亩,贵州省197万亩,山西省150万亩,辽宁省74万亩,陕西省61万亩,河北省47万亩,吉林省36万亩,重庆市27万亩,四川省26万亩,山东省24万亩。

（二）推广面积较大的品种

推广面积居前10位的高粱品种有红缨子为164万亩,晋杂22为75万亩,抗四、红珍珠均为25万亩,晋杂12为24万亩,晋糯3号、风杂4号均为22万亩,敖杂1号20万亩,冀杂5号、冀酿2号均为15万亩。

（三）糯高粱推广品种

统计推广1万亩以上的糯高粱品种,有红缨子164万亩,红珍珠25万亩,晋糯3号22万亩,冀酿2号15万亩,红糯16号14万亩,红糯13号8万亩,两糯1号、红茅梁6号为7万亩,泸糯8号6万亩,宜糯红7号、湘两优糯梁1号和晋渝糯3号各为5万亩,茅高9号、泸糯12、泸红2号、金梁糯1号、红茅糯2号各4万亩,青壳洋、黔高8号、茅台红2号、泸糯10号各3万亩,宜糯红4号、兴湘梁2号、茅梁糯2号、泸州红、红国梁、汾酒梁1号各2万亩,茅湘糯、梁糯1号、郎糯红19、金糯梁5号、金糯梁1号、红缨子2号、红青壳、红茅糯 6 号、红矛粮 1 号、川糯粱 2 号、川糯粱 1 号各 1 万亩。

（四）湖北省推广较多的糯高粱品种

最近几年，湖北省瞄准市场，积极与酿酒企业合作，签定订单生产合同，在全省 30 多个县（市、区），发展糯高粱生产，推广湖南圣丰种业的两系杂交品种两糯一号等。贵州省红缨子系列，四川省农业科学院的杂交糯高粱泸糯系列，山西省农业科学院晋糯系列，辽宁省农业科学院辽杂糯系列，黑龙江省红糯系列，推广的主要品种有两糯一号、冀酿 2 号等糯高粱品种。

（五）糯高粱品种简介

1. 两糯 1 号

(1)品种来源。湖南省宁远县圣粱种业有限公司，用九嶷糯粱 HS-57×湘 10721 杂交选育的糯高粱品种。登记编号：GPD 高粱（2017）430023。

(2)特征特性。该品种属于酿造型中熟杂交糯高粱，株高 150～160 厘米，穗长 33 厘米左右，中散穗纺锤形，颖壳中等红色，籽粒橙色，穗粒重 60 克左右，千粒重 20 克左右。总淀粉 71.84%，支链淀粉 99.9%，单宁含量 1.2%。中抗丝黑穗病，较抗叶病，较抗蚜虫和螟虫，抗旱、抗涝、较抗倒伏。第一生长周期亩产 425.8 千克，比对照青壳洋增产 25.4%；第二生长周期亩产 510.9 千克，比对照青壳洋增产 37.5%。

(3)适宜推广区域。适宜在湖南、安徽、湖北、广西、四川、贵州、浙江、福建、重庆、山西、河南、山东、河北、天津春播和夏播种植，在辽宁、内蒙古、吉林夏播种植。

2. 红糯 16 号

(1) 品种来源。山西省农业科学院高粱研究所用 11494A×L17R 杂交选育而成的糯高粱品种。登记编号 GPD 高粱（2018）140229。

(2) 特征特性。酿造杂交种。平均生育期 113 天。株高 135.0 厘米，穗长 33.8 厘米，穗粒重 62.3 克，千粒重 27.7 克，褐壳红粒，育性 86.5%。叶病轻，倾斜率为 0，倒折率为 0.2%。丝黑穗病自然发病率为 0，接种发病率为 35.2%。总淀粉含量占总淀粉的 74.0%，支链淀粉含量占总淀粉的 96.8%，粗脂肪 3.4%，单宁 1.0%。感丝黑穗病，没有明显叶部病害，中抗蚜虫。第一生长周期亩产 386.7 千克，比对照川糯粱 15 号增产 16.8%；第二生长周期亩产 410.3 千克,比对照川糯粱 15 号增产 13.4%。

(3)栽培技术要点。在我国高粱生产区,春播移栽区 3 月下旬到 4 月中旬播种,夏直播区不迟于 5 月下旬,适当浅播,播种深度 3 厘米左右,净作亩种植密度为 6000～8000 株。施肥要重施底肥,增施有机肥,早施追肥,拔节前施完全部肥料。中等肥力田块,一般每亩施 2000～3000 千克有机肥、10～12 千克纯氮、5～6 千克五氧化二磷。

(4)适宜种植区域及季节。适宜在山东、山西、内蒙古、新疆、甘肃、四川、陕西、河南、河北、天津、贵州、湖北、浙江、黑龙江、辽宁、吉林等,需日平均气温≥10℃有效活动积温 2600℃左右的区域种植。

(5)注意事项。中后期注意防治蚜虫。

3. 红缨子

(1)品种来源。贵州省仁怀市丰源有机高粱育种中心,利用仁怀地方品种小红缨子糯高粱品种选优良单株与利用地方特矮秆品种选择优良单株作父本,杂交后穗选,经 6 年 8 代连续穗选而成的常规品种。贵州省 2008 年审定。

(2)特征特性。红缨子全生育期 131 天左右。属糯性中秆中熟常规品种。叶色浓绿,颖壳红色,叶宽 7.3 厘米左右,总叶数 13 片,散穗型;株高 245 厘米左右,穗长 37 厘米左右,穗粒数 2800 粒;籽粒红褐色,易脱粒,千粒重 20 克左右。单宁含量 1.61%,总淀粉含量 83.4%,支链淀粉含量占总淀粉含量的 80.29%,糯性好,种皮厚,耐蒸煮。产量表现:2006 年区试平均亩产 362.4 千克,比对照增产 13.4%,增产极显著;2007 年区试平均亩产 348 千克,比对照增产 11.3%,增产达极显著水平。两年平均亩产 355.2 千克,比对照增产 12.3%,3 个试点全部增产,增产点达 100%。2006—2007 年生产试验平均亩产 384.9 千克,比对照增产 8.9%。

(3)栽培技术要点。适宜育苗移栽,育苗播种期宜在 3 月下旬—4 月下旬,每亩大田用种量 0.5 千克,在 4～7 叶期移栽,按行距 50～66.7 厘米、穴距 26.7～33.3 厘米打窝移栽。移栽密度每亩 6000～10000 株,土壤肥力高的应适当稀植,土壤肥力低的适当密植。底肥每亩用农家肥 1000 千克,复合肥 30～40 千克,追肥用清粪或沼液 1500 千克。孕穗期注意防治糯高粱条螟的危害。具体栽培技术措施按 DB520382/T09－2007 要求执行。

4. 川糯粱 6 号

(1)品种来源。四川省农业科学院水稻高粱研究所利用 54A×21R 杂交选育而成的糯高粱品种。登记编号 GPD 高粱(2022)510054。

(2)特征特性。酿造类型品种。中熟。熟期 114 天。杂交种。芽鞘绿色,叶脉蜡色。苗期长势强。根蘖 0.24 个,株高 159.7 厘米,叶片数 20 片,穗型散,穗纺锤形,长 32.9 厘米,套袋自交育性 91%,壳褐色,粒红色,穗粒重 67.38 克,千粒重 24.79 克。植株整齐度中等。适口性差。总淀粉含量 73.32%,支链淀粉占总淀粉 98.8%,粗脂肪含量 4.29%,单宁含量 0.84%。高感丝黑穗病 3 号生理小种,抗丝黑穗病 1 号生理小种,高抗炭疽病、叶部病害,抗蚜虫。第一生长周期亩产 508.38 千克,比对照川糯粱 15 增产 19.88%;第二生长周期亩产 464.8 千克,比对照川糯粱 15 增产 23.8%。

(3)栽培技术要点。①土温稳定大于 12℃即可播种,川南在 3 月上中旬春播,稀播匀播。②移栽叶龄在 6～7 叶,净种亩植 7000～8000 株,间套种亩植 6000～7000 株。③重施底肥,早施追肥,亩用纯氮 10～12 千克,多施有机肥,配施氮磷钾肥。④播种时防治地下害虫,3～5 叶防治芒蝇等钻心虫,抽穗前后防治蚜虫,抽穗后防治螟虫和鸟害。

(4)适宜种植季节。适宜在平坝丘陵地区春、夏季种植。

(5)注意事项。①高感丝黑穗病 3 号生理小种,在丝黑穗病区采用无菌土育苗移栽或使用杀菌剂包衣播种。②严禁使用含有机磷农药,严格按照农药的标准用量使用,高温天气尽量在下午 5 时以后喷药。③温度对品种株高影响较大,管理不一致也会导致植株不整齐。

5. 机糯粱 1 号

(1)品种来源。四川省农业科学院水稻高粱研究所用 54A×272R 杂交选育而成的糯高粱品种。登记编号 GPD 高粱(2022)510143。

(2)特征特性。酿造类型品种。中熟。熟期 114 天。杂交种。芽鞘绿色,叶脉蜡色。苗期长势强。根蘖 0.2 个,株高 118.53 厘米,叶片数 19.0 片,穗中散,纺锤形。穗长 30.48 厘米,套袋自交育性 93.00%,壳褐色,粒红色。穗粒重 53.34 克,千粒重 20.16 克,植株整齐度好,适口性差。总淀粉含量 75.26%,支链淀粉含量 99.22%,粗脂肪含量 4.64%,单宁含量 1.36%。免疫丝黑穗病,高抗炭疽病叶部病害,抗高粱蚜虫。第一生长周期亩产 485.7 千克,比对照川糯粱 15 增产 14.54%;第二生长周期亩产 435.1 千克,比对照川糯粱 15 增产 15.90%。

(3)栽培技术要点。①土壤 10 厘米以下的温度稳定通过 12℃以上时即可播种,川东南在 3 月上旬至 6 月上旬均可播种,稀播匀播,直播宜在 3 月下旬以后进行。②移栽叶龄在 5～6 叶,净种亩植 1.0 万～1.2 万株,间套作亩植 7000～8000 株。③提倡有机肥、无机肥相结合,施足底肥,早施追肥,亩施纯氮 10～12 千克,多施有机肥,氮磷钾配施。④播种时防治地下害虫,3～5 叶防治钻心虫,抽穗前后注意防治蚜虫,抽穗后期注意防治螟虫和鸟害。

(4)适宜种植季节。适宜在丘陵平坝地区春、夏季种植。

(5)注意事项。非大穗型品种,种植密度要求高,对药物敏感。种植密度不够会直接影响产量,造成减产,四川丘陵区种植可采用油菜后直播等轻简栽培技术,保证种植密度达到 1.0 万～1.2 万株/亩。穗部容易受螟虫危害,开花期结束后应及时防治穗螟。严禁使用有机磷农药,严格按照农药标准用量使用,高温天气尽量在下午 5 时以后打药。

6. 金糯粱 9 号

(1)品种来源。四川省农业科学院水稻高粱研究所用 54A×TY3560R 杂交选育而成的糯高粱品种。登记编号 GPD 高粱(2022)510062。

(2)特征特性。酿造类型品种。中熟。熟期 116 天。杂交种。芽鞘绿色,叶脉蜡色。苗期长势强。根蘖 0 个,株高 157.67 厘米,叶片数 20 片,穗型中紧,穗纺锤形。穗长 34.34 厘米,套袋自交育性 91.00%,壳褐色,粒红色。穗粒重 73.23 克,千粒重 26.72 克,植株整齐度中等,适口性差。总淀粉含量 74.00%,支链淀粉占淀粉 98.63%,粗脂肪含量 3.79%,单宁含量 0.82%。免疫丝黑穗病,高抗炭疽病叶部病害,抗糯高粱蚜虫。第一生长周期亩产 495.50 千克,比对照川糯粱 15 增产 12.15%;第二生长周期亩产 497.73 千克,比对照川糯粱 15 增产 17.37%。

(3)栽培技术要点。①土温稳定通过 12℃即可播种,春播育苗移栽可在 3 月至 4 月上旬,稀播匀播,直播应在 3 月下旬后播种。②移栽叶龄在 5～6

叶,净种亩植 7000～8000 株,间套亩植 5000～6500 株。③重施底肥,早施追肥,亩用纯氮 10～12 千克,多施有机肥,氮、磷、钾肥配施。④播种时防治地下害虫,3～5 叶防治钻心虫,抽穗前后注意防治蚜虫,抽穗后注意防治螟虫和鸟害,避免使用有机磷农药。

(4)适宜种植季节。适宜在丘陵和平坝地区春季、夏季种植。

(5)注意事项。容易发生穗螟,在开花结束后及时预防穗螟。易感纹枯病,抽穗后注意防治纹枯病。

7. 晋糯 3 号

(1)品种来源。山西省农业科学院高粱研究所用品种 10480A×L17R 选育而成的糯高粱品种。登记编号 GPD 高粱(2017)140007。

(2)特征特性。杂交种。酿造。平均生育期 120 天,幼苗绿色,平均株高 167.8 厘米,穗长 33.4 厘米,穗粒重 67.9 克,千粒重 27.4 克,褐壳红粒,纺锤形穗,穗型中紧。丝黑穗病自然发病率 0,接种发病率两年平均 5.7%,表现为高抗丝黑穗病。总淀粉含量 74.38%,粗脂肪含量 3.44%,单宁含量 1.01%。籽粒产量:第一生长周期亩产 477.0 千克,比对照两糯 1 号增产 16.1%;第二生长周期亩产 393.1 千克,比对照泸糯 13 号增产 9.3%。

(3)栽培技术要点。在我国南方高粱区,春播移栽区 3 月下旬到 4 月中旬播种,夏直播区不迟于 5 月下旬,适当浅播,播种深度 3 厘米左右,净作种植密度为 6000～8000 株/亩。施肥要重施底肥,增施有机肥,早施追肥,拔节前施完全部肥料。中等肥力田块,一般每亩施 2000～3000 千克有机肥、10～12 千克纯氮、5～6 千克五氧化二磷。

(4)适宜种植区域及季节。适宜在山西、河南、四川、重庆、贵州、湖南、湖北等糯高粱产区种植。

(5)注意事项。中后期防治蚜虫。

第五章　糯高粱绿色生产技术

本章着重介绍糯高粱土壤培肥与耕作、糯高粱合理施肥、糯高粱播种质量、糯高粱合理密植、糯高粱田间管理。

第一节　糯高粱土壤培肥与耕作

糯高粱生长期间需要养分较多,培肥土壤,创造良好的土壤条件是糯高粱高产的重要物质条件。

一、糯高粱高产土壤基本条件及培育

从各地糯高粱生产创高产的实践经验看,适宜糯高粱生长发育的土壤应具备以下条件。

（一）土壤有机质含量高,肥力较高

高产田土壤有机质含量丰富,一般高产田块有机质含量在 1.5% 左右。有机质含量丰富的土壤,能形成水稳性的团粒结构,对土壤中水肥保持有很好的作用,同时改善了土壤物理的结构,有利于作物的生长发育。通常各地采用增施有机肥。实践证明,糯高粱亩产千斤以上的地块一般亩施有机肥在 2 吨以上。

（二）土壤耕作层深厚,结构性好

糯高粱根系发达,耕层的深浅和土壤结构的好坏都直接影响糯高粱根系生长和吸水吸肥能力。因此一般高产田要求耕作层深 30 厘米以上。深耕的土壤不仅有利于根系的生长,而且糯高粱收获后尚在土壤中的根茬又可以增加土壤有机质含量,改善土壤的结构性,同时土壤深耕,提高土壤蓄

水保肥能力。

（三）多途径培肥土壤，提高肥力

我国农民历来重视土壤培肥工作，创造了许多经济有效的方法。在东北、华北地区大量增施农家肥，采用秸秆覆盖，秸秆还田及过腹还田技术，使作物地上部的秸秆全部还田，达到增加土壤有机质，提高土壤肥力的目的。在山西、山东、河北等地还采用了以无机促有机，增加土壤肥力的有效办法，也就是通过加大无机肥投入，促进植株生长，然后秸秆再还田，提高土壤肥力。在我国西北地区采用高粱同豆科牧草、绿肥作物轮作的办法来提高土壤肥力，提升糯高粱产量。

二、土壤耕作与蓄水保墒

（一）深耕整地

深耕整地是土壤耕作的最基本性作业，对土壤的后期管理和糯高粱的生长发育具有重要作用。因此，在搞好农田基本建设的同时，要根据糯高粱对土壤的要求，搞好深耕整地。在前茬作物的生长季节里，由于土壤表层受到人、畜和机械的压力以及降水的淋洗，土壤出现板结，则通气和透气性降低。因此，为给糯高粱创造生长发育的适宜土壤，在前茬作物收获后，需要深耕。

1. 深耕的作用

（1）加厚耕层，改善土壤的物理性状。深耕将深层土壤翻到地表，表土翻到地下，使土层疏松，有利于有机物质的分解和无机盐的风化，增加土壤的肥力，同时，土层中通气性和透水性增强，土温升高，促进土壤微生物的活动，加速有机物质的分解。

（2）增强土壤的蓄水保墒能力。耕翻后的土壤产生了大量的非毛细管孔隙，降水时水分容易通过这些孔隙渗入耕层，将土壤水分积蓄在耕层底部，避免出现地表径流。土壤中的毛细管吸附力强，蓄积的水分不易蒸发，从而提高了土壤的蓄水保墒能力。在我国北方十年九春旱的条件下，对糯高粱播种出苗、培育壮苗十分有利。

（3）减少杂草和病虫害。土壤深翻时，随土层翻转，前作的根茬与残体被翻入土壤中，可以促进其分解。犁刀还能将宿根性杂草根系切断，翻到地表风干,使其丧失发芽能力。部分杂草种子、害虫和病菌被翻到土壤下层后,也不能继续生存。因此,耕翻可有效地减轻病、虫及杂草对糯高粱的危害。

(4)防止返盐。在盐碱地区,耕翻后,土壤疏松,蒸发量下降,能控制土壤盐分上升,同时,由于透水性增强,降雨时可以淋洗盐分,降低耕层中盐分含量,有利于糯高粱保苗和根系发育。

2. 深耕原则

(1)注意深浅一致。翻耕起垄要整齐严实,不漏耕,尽量少留犁沟,前作的根茬要压严、埋净,不留残茬和杂草。

(2)尽量早深耕。早深耕除有利于土壤熟化外,还能有效地接纳和保蓄秋雨冬雪,做到秋雨春用。我国糯高粱产区大部分以春播为主,深耕时间以秋季前茬作物收获后进行为宜,也有春季深耕的,但据调查,秋季深耕的效果明显好于春季深耕。春季深耕虽然加深了土壤的耕作层,但没有蓄水保墒的作用,有时往往因春季风大跑墒严重,反而减产。根据试验,秋季深耕可使每亩土地的耕作层增加蓄水量6~8立方米,而春季深耕则无明显的增墒作用。秋季深耕越早越好,华北地区有句农谚:"白露耕地一碗油,秋分耕地半碗油,寒露耕地白打牛。"这说明了早秋耕的作用。

(3)深耕要根据土壤状况掌握深度。深耕增产的效果是明显的。一般以耕深25厘米左右为宜。据测定,耕10~12厘米深,糯高粱根系大部分分布在深度18厘米以上;耕深26厘米,根系主要分布在21厘米以上,深翻30厘米时,根系分布为23厘米左右。并且深耕后的糯高粱叶片浓绿,后期不易脱肥。但确定深耕的深度还要考虑土壤的质地、耕作层的深度和施肥数量等条件。一般壤土的土层厚,表土底土性质相近,可适当深耕;黏土黏重,不易熟化,应注意深耕适当,以免生土耕翻太多影响糯高粱生长。在增施农家肥的情况下,深耕有利于土壤熟化。沙土保肥力差,一般不宜深耕。无论哪种土壤,都不能一次耕翻过深,而应逐年加深,才有利于作物增产。在深耕时,如果耕翻生土过多,翻到上层的生土不能充分熟化时,当年糯高粱生长发育反而不如浅耕或不耕的地块。我国各地在深耕整地的工作实践中,创造出轮耕增产的经验,即深耕1年后,二三年不深耕,深耕的增产作用仍很明显。这样做的主要增产原因是深耕时地表的肥土翻到地下后,可连续二三年释放肥效,而上层土壤在施肥和土壤物理化学的作用下,也增加了肥力,从而有利于糯高粱的生长发育。同时起到了省工、省力和减少机械能量投入的作用。

(4)深耕要根据土壤的湿度适时翻耕。土壤含水量是影响深耕质量的重要因素之一。土壤过湿或过干都会影响深耕的作用,甚至引起不良后果。土壤过湿深耕容易引起板结,形成坷垃;土壤过干深耕则费力费时,达不到深耕的效果,一般土壤含水量在15%～20%时深耕效果最佳。群众经验认为,表土出现白背,抓一把0～10厘米表土,手握时成团块,从齐腰高处,自然落地后能散开时最为适宜。一般秋季深耕应先耕墒情差的地和保水性差的沙性土壤。黏土地、涝洼地和保水性好的壤土地可适当延迟。

(二)蓄水保墒

我国糯高粱主要产区的气候特点是十年九春旱,春季雨水少、风大、蒸发快,土壤干旱,不利于糯高粱的播种和出苗。而秋季雨水多,土壤墒情好。因此,在糯高粱产区大部分采用蓄水保墒的措施,做到保蓄秋雨冬雪,以备春用。蓄水保墒除秋季深耕外,还可采取以下措施。

1. 秋锄

河北称为"闹秋",即在前茬作物生育后期,土壤水分蒸发快,但降水也多的季节进行。锄地后不仅可以促进作物早熟、增加粒重,而且有利于土壤纳雨春用,蓄水保墒。群众说:"长着庄稼划破皮,赛过收后犁一犁。"可见秋锄的重要性。山西推广的作物后期深中耕也可达到蓄水保墒的效果。

2. 秋作垄

一般在改良垄作的地方采用较多,适用于暂不能秋耕的田块。其做法是在前茬作物收获后,在垄台上先耕一犁,深12～18厘米,随后压一遍磙子,再按原犁沟耕一犁合成新垄,再磙压1次。秋作垄的作用与秋耕相似,具有疏松土壤,提高土壤的蓄水保墒能力,减少土壤水分的蒸发等作用。一般秋季作垄后,避免了翌年春季作垄时造成土壤跑墒,收到明显的蓄水保墒效果。山西目前推广的"丰产沟"和陕西的"水平沟"种植与秋季作垄相似,主要目的是提高土壤的蓄水保墒能力。

3. 耙地

耙地是北方糯高粱产区保墒保苗的一项有效措施。它的作用主要是破碎坷垃(土块),平整地表,疏松表土,减少土壤空隙,割断土壤中的毛细管,减少水分的蒸发。耙地要进行多次,一般秋季深耕后应随犁随耙,对破碎坷垃,平整土地,减少蒸发,效果较好。春季耙地主要以返浆期(顶凌)耙地最好,这时土壤表层已解冻,下部还有冻层,解冻水分不能下渗,并且随温度的升高不断向上运动然后蒸发。这一时期耙地的作用主要是切断毛细管,减少土壤的空隙,控制水分的蒸发。这是蓄水保墒的重要时期。山西农谚有"惊蛰不耙地,好似蒸馍跑了气"的说法,说明此期耙地的重要性。这一时期有条件时可反复耙地,以收到蓄水保墒的效果。耙地还可在播种或风大土壤容易跑墒前进行,耙地还可以防除早春田间杂草,掩埋肥料,有促进高粱苗期生长作用。

4. 耱地

耱地又称盖地和擦地,是干旱地区防止土壤水分蒸发的表土耕作措施。在东北、华北的干旱地区,常是先耙后耱,连续进行,以提高保墒效果。耱地主要作用是耱松表土,进一步破碎土块和整平地面。耱子是由耐磨的树枝编成或铁、木材料制成的拖具,有时还要加上配重。翻、耙之后,土壤耕层基本上变得细碎、密实,但土壤表面有时还有土块,犁缝或耙沟。耱地不仅可以掩平耙沟,还能把不易破碎的硬坷垃埋在耕层里,使它吸水、湿润,然后再粉碎。因此,耱地可在耕层创造出一个内部紧密、表面疏松的覆盖层,减少水分蒸发,使耕层达到适于播种状态。耱地比不耱地,在3~4天内,土壤水分约增加1%,干土层减少1厘米。

5. 镇压

翻、耙后至播种前,表土中还可能留一些坷垃,在干旱情况下,坷垃坚硬,再耙也不容易破碎,影响播种,妨碍糯高粱出苗。这时镇压,可以压碎这些土块,并能填补土壤缝隙,密实土层,减少水分扩散损失。同时,还能增加土壤耕层中毛细管孔隙,使土壤耕层以下水分向上层运动,提高表层土壤含水量。但是,镇压并不是在任何情况都能收到良好效果的。土壤太干或干土层过厚,镇压便不能增强土壤紧实,干燥后结成硬板。以镇压后表土不结硬皮,土壤表面又能产生一薄层细土为镇压适期。掌握镇压时机是非常重要的。

6. 秸秆覆盖

这是近年来解决旱地蓄水保墒的新技术和新方法。覆盖的方法是在前在作物收获时,仅收获经济产量部分,剩余的秸秆全部压倒覆盖在地里。可采取顺垄覆盖,最好是隔行覆盖(又称半覆盖),在未覆盖的垄间种植糯高粱。秸秆覆盖可有效地提高土壤的蓄水保水能力,根据测定,覆盖的耕层可比不覆盖田蓄保含水量 2%～5%,因而糯高粱可获得较多水分,但生育前期土壤温度相对要低 1℃左右,生长量也较慢,直到喇叭口期后逐渐赶上或超过不覆盖的糯高粱。覆盖后的农田春季可确保出苗的水分需要,但一般应注意防止病、虫、草害和肥料的供给。并要注意苗期提温措施,以达到增产的效果。

第二节　糯高粱合理施肥

一、施足基肥

糯高粱播种前施用基肥,为糯高粱整个生育期陆续提供养分。基肥要以农家肥为主。农家肥的种类较多,常用的有牛马粪、猪羊粪、家禽圈粪、人粪尿、秸秆肥、堆肥、土杂肥、绿肥、草木灰等。这些农家肥含有大量的有机物质和作物需要的养分。农家肥养分含量虽低,但肥效长,含营养成分全面,可源源不断地供给糯高粱生长的需要。同时,还能改善土壤的物理结构,增加土壤的肥力,提高土壤的保水保肥能力。

(一)基肥类型与用量

基肥要以农家肥料为主,化肥为辅,互相配合。过磷酸钙作为基肥施用效果良好,若将农家肥料与过磷酸钙混合堆沤效果更好。因为过磷酸钙的磷素释放慢,且移动性差,同农家肥堆沤后有利于磷素的释放,并且可以加快农家肥腐烂的速度,减少农家肥中氨的挥发损失。堆沤后的过磷酸钙作为基肥深施,可增加同根系的接触面积,被根系吸收后发挥磷素的效应。

糯高粱的根系发达,可吸收大量的营养物质。因此,增加基肥的施用量可使糯高粱产量得到提高。山西群众有"千斤粮食万斤肥"的说法。基肥施用越多,对糯高粱生长越有利。基肥多、质量好的田块,高粱植株粗壮,叶色浓绿,单穗粒数多、粒重高。不施基肥的,植株矮小,底叶有 2～3 片枯黄,穗粒数明显减少,产量降低。因此,在冬闲季节要抓好积肥工作为糯高粱的高产奠定基础。施肥的多少要根据肥料来源多少、种植糯高粱面积大小、土地分布状况及运输能力等各方面因素来决定。由于基肥的增产效益因土壤肥力水平和施肥数量不同差异较大,当肥力与施肥水平较低时,每千克基肥增产粮食较多,而土壤肥沃、施肥水平较高时,增产幅度较小。据辽宁省锦西县调查:亩施 3000～3500 千克基肥时,每 500 千克基肥可增产 24.5 千克粮食;亩施 5000～6000 千克和 6000～7500 千克基肥时,每 500 千克分别增产 17.85 千克和 12.15 千克。施肥量还应根据产量指标和品种喜肥特性而有所不同。产量指标越高,需要养分越多,施肥量就要相应增加。施肥要做到以产定肥,配方施肥,氮磷钾配合,提高肥效。喜肥品种应多施肥,耐瘠品种可少施肥。基肥一定要腐熟,否则,不易发挥肥效。

基肥除了农家肥和过磷酸钙外,为补充土壤中氮素的不足,还可在播种前施入一定数量的氮素化肥。一般亩施 30～40 千克复合肥、10 千克尿素,以保证氮素的供应。如土壤中缺钾,可施用一定数量的钾肥。施肥一定要注意配比适当,以保持营养元素的平衡,否则,某种肥料过多,会造成浪费。基肥施用量应根据土壤肥力,基肥质量以及前茬等条件来确定。一般地说,肥沃土壤可适当少施,瘠薄土地应多施,以利改良土壤,培肥地力;基肥质量好的,可少施,差的应多施;大豆茬可少施,玉米、谷子茬应多施。基肥施用量通常占施肥总量的 80% 以上,每亩不宜少于 2000 千克。高粱亩产 300～350 千克,每亩需要施基肥 2500～3500 千克;亩产 400～500 千克,每亩需要施基肥 3000～4000 千克。在增施基肥的基础上,还要注意土壤及肥料特性相应施用,因土而异。例如,沙土地施圈粪、土粪、泥肥;黏土地除施圈粪外,还应施炉灰、垃圾,以提高改土作用。许多地区群众还有客土增产的经验,"土换土,一亩顶两亩",就是采用沙掺土、土掺沙等方法改造低产田,也有明显的增产作用。

目前,经济施肥的方法,多是采用地力差减法进行,其方法是,用计划产量减去地力产量(在不施肥情况下的糯高粱产量),为肥料产量,然后根据肥料产量计算肥料需要量。其简单公式为:

肥料需要量=糯高粱单位生产养分吸收量×(计划产量-地力产量)-农家肥养分吸收量肥料养分含量×肥料单季利用率

利用地力差减法进行经济施肥,不需土壤测定,但土壤中氮、磷、钾三要素要协调,如某种元素缺乏应视情况加大该元素肥料的施用量。另外,这种施肥法对土壤的依赖性大,即作物吸收土壤养分越多,地力产量越高,计划产量施肥越少,这样对土壤的养分补充越不足,长期下去土壤肥力将会下降。所以,施肥时,一般在应施肥量的基础上增加20%～30%,以补充地力的消耗。

（二）基肥施用时间与方法

基肥的施用时间以秋季效果最好,一般结合秋季耕地施用。因秋季施基肥有利于肥料和土壤的融合,基肥还可在土壤中继续腐熟分解,促进养分转化,并可避免不必要的春季施肥跑墒。基肥也可结合春季耙地或播前浅耕时施入,但春季施肥要早。否则,施用基肥在土壤表层,肥料不易盖严,有时肥料腐熟不好,过于干燥,不仅影响肥效,还会造成土壤失墒过多,影响种子发芽出苗,甚至出现烧苗现象。施用时要尽量做到随耕耙、随撒施,以利于保墒保肥。

基肥的施用方法因种植方法不同而各不相同,糯高粱基肥有撒施和条施两种施用方法。撒施是在土地耕翻前,先将肥料撒于地面,然后再行耕翻,将肥料翻入土中。或者在播种前撒施肥料,随后用重耙耙入耕层。这种施肥方法比较省工,可使土肥融合,全面改良土壤,并有利于机械作业。撒施基肥,平播,在干旱地区还有助于防旱保墒。但在肥料有限的情况下,撒施肥料不集中,效果不及条施。条施肥料集中,利用率高,当年增产效果好,一般比撒施肥增产5%～8%。条施肥方法各地也有不同。东北地区,是在秋作垄基础上,于翌年春季将肥料条施于垄沟,接着作垄,将肥料合入垄内。如能结合秋耕、整地、作垄施基肥,更容易使土肥相融,肥料腐熟时间长,可提高土壤蓄水能力,利于防旱保墒。播种前或播种同时施基肥,由于耕地浅,肥料不易盖严,有时肥料腐熟不好或过于干燥,不仅影响肥效,还会造成土壤失墒过多,影响种子发芽出苗,甚至烧坏种芽。采取早春集中送粪和施肥,并连续进行作垄,实行随送肥,随施用,随合垄,既保墒又保肥。

二、用好种肥

播种同时施用的肥料为种肥,又称为口肥。基肥多为有机肥,因前期土温较低,肥料分解缓慢,不能很快发挥肥效,而且高粱苗期根系较浅,吸肥力弱,施种肥可以增加播种层的养分,供幼苗吸收。特别是在中、下等肥力的地块上,或是在基肥数量不足、质量较差时,前期不易发苗,施种肥对促进幼苗早发更有明显作用。种肥多以化肥为主,化学肥料种类较多,其物理、化学性质也各不相同,必须注意施用技术。用量过多或施法不当,常常会影响糯高粱出苗和苗期生育。

使用氮素化肥作种肥,有明显的增产效果,一般可增产 5%～10%。除氮肥外,磷肥作种肥也有明显的增产作用。磷素在植株体内能被重复利用,所以,一般作种肥的效果好于追肥。若氮、磷配合施用,则能收到比单施更好的效果。这是由于氮、磷混施后,可加强植株的氮、磷代谢功能,促进根系发育,增强根系的吸收能力,使植株吸收三要素的数量增加。据辽宁省农业科学院的试验表明,播种时氮、磷配合施用比单独施磷时植株在全生育过程中对氮、磷、钾的吸收量依次增加 54.6%、40.2%、67%,而且吸肥速度快。因此,加速了植株的发育,加快了成熟和增加了产量。

化肥种类较多,其物理、化学性质也各不相同,必须注意施用技术,若用量过多或施法不当,其效果常会适得其反。一般种肥用量不宜过多,以免局部含肥浓度过大,影响种子发芽。尿素以每亩 5 千克为宜,超过 10 千克,出苗率显著降低。氯化铵分解后可使播种层氨离子浓度升高,对种子和幼芽有损伤作用,不宜作种肥。碳酸氢铵性质很不稳定,容易分解挥发,作种肥时要注意用量和深施。碳酸氢铵做种肥深施比追肥效果好,尤其在干旱、瘠薄、施肥量少的地区作种肥深施是一种较好的施肥方法。碳酸氢铵作种肥深施效果好的原因在于施用后下层土壤湿润,有利于养分的溶解和根系吸收,减轻表层施用后的挥发和流失,并且深施后挥发的氨气被土壤吸附,既减轻了对种子发芽的抑制作用,又可缓慢地被高粱吸收利用。一般硫铵作种肥施用较为安全,但要严格注意用量,每亩最多不能超过 10 千克。

三、适时追肥

糯高粱在拔节后,生长发育速度加快,植株吸收养分数量急剧增加。到幼穗枝梗分化时期,吸收量达到一生中高峰,吸收速度也明显加快,这一时期,植株体内营养状况对茎、叶生长和穗分化均有重要作用。据测定,拔节期植株体内硝酸态氮含量为$(7\sim10)\times10^8$,无机磷含量在6×10^7以上,亩产可能超过千斤。因此,需要通过追肥补充土壤养分,改善植株营养条件,促进糯高粱中、后期生育,增加穗粒数和粒重。尤其是在基肥和种肥不足时,追肥更是不可缺少的补救措施。

（一）追施拔节肥

1. 拔节肥效果

各地的试验和高产典型经验表明,对目前推广的糯高粱品种,拔节期追肥有显著的增产效果。拔节肥的作用主要表现在以下方面。

（1）增大叶面积。糯高粱在土壤水分适宜时,追施化肥3～4天后即对正在伸长或正待伸长的叶片生长产生作用,使叶片增长加宽。伸长量最大的是当时展开叶以上的3～4片叶。拔节期追肥后,单株叶面积显著增大,可以有更多的同化产物提供给其他器官。拔节期各器官正在旺盛生长,需要大量营养物质,单株叶面积扩大,同化产物增加,可在一定程度上解决这时养分的供需矛盾。由于叶面积增加,光合作用产物增多,叶片本身干重也相应增高,尤以中、上部叶片增重更为明显。节间物质来源于叶片,节间生长好坏取决于叶片的物质供应状况,因此,随叶片增重,相应节间的干重也有增加。在灌浆期间,营养器官中以节间向穗部转输物质为最多,所以节间的增重意味着有较多的物质由节间转向籽粒,这对灌浆期籽粒增重有重要作用。

（2）增加粒数。糯高粱穗的大小,在一定程度上取决于一级枝梗数的多少,一级枝梗是二、三级枝梗的基础,而小穗小花数与二、三级枝梗的疏密直接相关,二、三级枝梗数越多,小穗小花数也随之增多,这是增加穗粒的基础。因为拔节后即进入穗分化阶段,拔节期追肥,便可及时满足各级枝梗及小穗小花分化对养分的需要,从而增加穗枝梗数和小穗小花数,使每穗结实粒数显著增多。如拔节期养分不足,影响二、三级枝梗分化,后期即便有良好的肥水条件,小穗小花数也难以增加,使产量受到限制。

2. 拔节肥施用时间

拔节肥通常在10片叶期左右施用,但因品种生育期不同,叶片数差异较大,还要考虑天气、土壤、苗情和肥料种类等具体条件灵活掌握追肥时间。一般情况下,早熟品种生育期短,叶片数少,气候干旱,土壤缺水,肥效不易发挥,可提早在九叶期追施。品种生育期长,叶片数多的,土壤结构性好,土温较高,含水量适宜,肥效发挥较快,可适当推迟,土壤肥力高,基肥、种肥充足,植株繁茂,可适当晚施、少施。有效成分含量高的氮素化肥,应注意掌握施肥量,防止施用量过多、施用过晚,造成茎叶徒长,以至贪青晚熟。追肥要求开沟或打洞深施,距植株10厘米,开沟或刨埯5~10厘米深施后,及时中耕培土盖严,以减少肥分损失。每亩追施尿素6~8千克。

(二) 孕穗肥

在一次追肥的情况下,孕穗肥的增产效果,常常不及拔节肥。但孕穗肥对增加粒重有明显作用,这又是拔节肥所不容易达到的。从这个意义上讲,孕穗肥也是获得高产不可缺少的一项措施。孕穗期追肥,虽已不会使穗分枝数有明显增加,但由于追肥改善了植株性器官形成及减数分裂时的营养条件,从而减轻了枝梗和小穗的退化。一般认为,在枝梗发育过程中上部枝梗退化较轻,下部退化较重。追孕穗肥的穗枝梗退化较追拔节肥的为轻,下部尤其明显。退化数减少,实质也是一种增加。这就是说,孕穗肥是通过减少枝梗退化来提高穗粒数的。此外,还具有促进上部叶片生长的作用,从而延长灌浆期功能叶片寿命,扩大同化面积,增加后期干物质的积累。所以,高产地区在追肥超过25千克化肥时,多分两次进行,在施肥量分配上以前重后轻效果为好。拔节期重追,用肥量的2/3左右,攻秆、攻穗,增加小穗小花数。孕穗期轻追,用其余的1/3肥料,保花增粒,提高穗粒数,增加粒重。

(三) 叶面喷肥

糯高粱生育的中、后期需要大量养分,如果缺肥,会使叶片早衰,降低光合作用,影响产量。但是,这时田间植株生长茂密,土壤施肥很不方便;糯高粱根系吸收能力也开始减弱,吸收量有限。而土壤中有用养分含量又常常不能满足要求。在这种情况下,采取叶面喷肥比土壤施肥不仅方便,而且肥效发挥得快,用肥经济。喷肥可加速植株生育,促进早熟,同时还有一定增产效果。对生育迟缓、密度过大的田块,或在化肥用量不足时,叶面喷肥的增产作用更为明显。常用作喷肥的,有以下几种肥料。

1. 尿素

目前应用的氮素化肥中，尿素喷肥效果最好。尿素喷施浓度为 2%，在糯高粱抽穗前喷洒，每亩用尿素 250～300 克，兑水 10～15 千克用无人机喷施。对制种田生育迟缓的亲本，在拔节至孕穗期喷施 1～2 次，可加速发育，促使花期相遇。尿素中含有缩二脲，对作物有害，喷时需选用缩二脲含量低的尿素，并严格控制用量。喷洒应在下午 4 时以后或上午 9 时以前进行，这时日晒不强，空气湿度大，喷洒在叶面上的溶液可保持较长时间不干，利于叶部充分吸收。大风或雨天不宜喷洒。嫩叶和叶背面对肥液吸收利用较快，应在这些部位，集中喷洒。

2. 磷酸二氢钾

磷酸二氢钾是一种磷、钾含量较高的复合化学肥料。这种肥料肥效高，容易运输，施用方便，适于作叶面喷肥。特别是当土壤磷、钾养分供应不足时，喷施磷酸二氢钾效果更好。一般亩用肥 200 克，配制成 0.3% 浓度液，于孕穗期或灌浆期各喷施 1 次，效果更好。

3. 芸薹素

芸薹素是一种新型植物内源激素，是广谱、高效、无毒植物生长调节剂，渗透强、内吸快，在很低浓度下，既能显著地增加植物的营养体生长和促进受精作用，又能有效增加叶绿素含量，提高光合作用效率，提高抗寒、抗旱、抗盐碱等抗逆性，显著减少病害的发生，消除病斑。用 0.0075% 的芸薹素水剂 6 毫升兑水 15 千克进行叶面喷施。芸薹素＋磷酸二氢钾混合喷施，使用效果更佳。

第三节 糯高粱播种质量

苗全、苗齐、苗壮是糯高粱丰产的基础。糯高粱种子小，幼芽较软，顶土能力弱，出苗比较困难，播种质量好坏对糯高粱能否全苗影响很大。因此，抓好播种质量，确保全苗是播种阶段的重要任务。糯高粱由于有耐旱、耐涝、耐盐碱、耐瘠薄的特点，因而大部分是种在山坡地、盐碱地和涝洼地上，加之糯高粱生产区大部分是"十年九春旱",因此,给糯高粱的一次播种保全苗带来了一定的困难。除此之外,我国目前推广的糯高粱杂交种,大部分根茎短、芽鞘软,要求浅播,与春季少雨干旱的气候条件矛盾较大,常因整地不细,土壤跑墒,出苗不齐不全。为了保证播种质量,要采取以下措施。

一、种子处理

种子是有生命的有机体。从田间收获的种子,虽不再生长增大,但其生命活动却仍在微弱而缓慢地进行着。种子的生命力与本身质量及环境条件有密切关系。贮藏期间如果种子含水量过高,管理不善,受到高温、严寒或通气不良等条件的影响,就很容易丧失生命力。即或是在正常情况下,种子贮藏年限久了,也会由于衰老而失去发芽能力,降低种用价值。糯高粱种子适用年限一般为2~3年。因此,在播种之前,需要进行一系列的种子准备和处理工作。

(一)选用良种

选用良种是经济有效的增产措施之一。根据各地的高产经验,选用适于当地自然气候特点的良种,是高产的关键。但任何良种都有一定的适应性,必须因地制宜地选用才能发挥良种的增产作用。

选用良种的原则,首先要了解良种的生育期,根据当地的气候条件,选择在霜前能完全成熟,又能充分利用当地自然资源的良种。其次,要根据土壤和肥水条件选用良种,在肥水条件充足的地块,选用耐水肥、抗倒伏,增产潜力大的高产良种。在干旱瘠薄的地块,选择抗旱耐瘠、适应性强的稳产品种。一个生产单位或地区,要避免品种的单一化和品种过多。品种单一化不利于抗拒自然灾害和调节劳力;品种过多则主次不分,影响良种良法配套,不利于发挥良种的增产作用。因此,应根据土壤肥力、自然气候特点和生长期的不同,因地制宜地合理搭配良种。农户在选用良种时应先到种子部门或农业科研、技术推广部门,了解种子的信息资料,以做到选种准确无误。例如杂交糯高粱比普通糯高粱发芽势弱,顶土能力差,在发芽率相同条件下应增加20%的播种量。

（二）种子脱壳

带壳种一般含水率较高,成熟不好,易受冻害,影响发芽率。就是健全的种子,由于壳的包裹,播种后也会妨碍吸水,发芽慢,出苗晚,比无壳种子发芽率降低 6%,田间出苗率降低 9%。因此,着壳率高的种子,特别是在低温年份,在选种前最好先行脱壳。

（三）选种

经过筛选的种子,发芽、出苗情况明显较好。表现在其壮苗率高,幼苗干重增加。筛选的目的是淘汰秕籽、损伤、虫蛀的籽粒,选出粒大饱满的籽粒,选后的种子出苗率高,幼苗生长健壮。据沈阳农学院试验,用大粒种播种,出苗率比小粒种高 16.23%,株高、单株叶面积和干重显著增加。

选种方法以风选为主,风选时,用风车或簸箕将秕子、虫蛀等籽粒扇掉。筛选也可用 3.5～4 毫米孔径的筛子筛去小粒。

（四）晒种

通过晾晒或自然通风,可以解除种子的休眠状态,促进生理成熟,还能增强种皮对水分和空气的渗透性和酶的活性,提高种子的生活力和发芽率(图 5-1)。在播种前十几天,选择晴朗、温暖的天气,于上午 9 时以后,将席铺在阳光充足、通风良好的地方,摊开种子,种子层厚度要在 3～5 厘米,每天翻动 2～3 次,晾晒 2～3 天。经过晾晒,种子可提早出苗 1～2 天,发芽率提高 5%～10%;对于晚收或成熟度差的种子,晾晒效果更为明显。

图 5-1　糯高粱晒种

（五）发芽试验

发芽试验是确定播种量的依据，与出苗和壮苗关系相当密切。从种子库中不同部位取出有代表性的种子，每100粒为1份，共取3～4份，分别放在培养皿中，置于温箱内或温暖的地方，保持适宜水分和通气条件，温度稳定在25℃。3天时检查发芽情况，计算发芽种子平均数，除以100即得出种子发芽势。发芽势高，说明种子生命力强，发芽出苗快而且整齐。7天时计算种子发芽的平均数，除以100即为发芽率。种子发芽势和发芽率直接影响田间出苗率，室内测得的发芽率通常高于田间发芽率，而田间出苗率往往又低于田间发芽率，因此种子必须具有较高的发芽势和发芽率，才能获得全苗。种用种子发芽率一般应在95％以上，发芽率在80％的种子播种量应增加40％，发芽率低于80％的种子不能播种。

（六）浸种

浸种有防治病害和促进出苗的作用。一般采用55℃温水浸种3～5分钟，晾干后播种。也可用激素浸种。用$2×10^7$的"九二〇"液浸种6～8小时，药液以淹没种子为度，充分搅拌，捞出晾干后播种。"九二〇"液浸种后能促进根茎伸长，增强芽鞘的顶土能力，可适当深播，并能加快出苗速度，提高出苗率，都有一定的增产作用。

东北地区为防止早播粉种，提高保苗率，采用催芽播种的方法非常有效，即种子催芽至露嘴，而后播种。可提早出苗3～5天，提高出苗率15％～40％。

（七）药剂拌种

为了防治高粱黑丝穗病和其他病害，可用相当于种子重量0.3％的五氯硝基苯拌种，或用种子重量0.7％的0.5％萎锈灵粉拌种。防治地下害虫可用氯丹或乐果等农药拌种。拌种的方法，可用50％氯丹乳剂1千克或40％乐果乳剂1千克，加水40升，可分别拌种500～600千克，拌种后堆闷4小时，晾干后即可播种。还可用萎锈灵、速保利、多菌灵、粉锈宁、甲基托布津、敌克松等，拌种药剂和方法可根据当地病虫危害情况参照本书高粱主要病虫害防治的方法进行。

我国部分省市已推广种子包衣技术，如有条件时，最好使用包衣后的种子。包衣后的种子对提高出苗率，防治病虫害和苗全、苗壮有很好的效果。

二、糯高粱播种技术

（一）播种期

适期播种是全苗的主要环节，播种期早晚与产量有密切关系。影响糯高粱播种期的因素很多，但主要是温度和水分。糯高粱种子发芽的最低温度为6～7℃，一些杂交种要求10℃以上，适宜的发芽温度为20～30℃，最高温度44～50℃。在一定范围内，种子发芽速度随温度增高而加快。晋糯3号在12～14℃时，从播种到出苗需20～23天；15～20℃时，需8～15天。播种过早，地温低、湿度大，种子没有基本的发芽条件，胚及胚乳被霉菌侵染，造成粉种或霉烂。特别是高粱黑穗病主要依靠土壤中的病菌进行侵染，幼芽在土壤中时间越长被侵染越严重。所以糯高粱播种过早对保苗、壮苗都不利。生产上通常将5厘米土层的日平均温度稳定在10～12℃，气温14～15℃，作为适期播种的温度指标。

糯高粱种子吸水达到本身干重的40%～50%时才能发芽。发芽所需的土壤含水量，不同土壤之间变化很大。糯高粱种子发芽所需的最低土壤含水量，黏土15%，壤土12%～13%，沙壤土10%～11%，沙土6%～7%。最适含水量，壤土为16%～17%，黏土为18%～20%，沙土为12%。糯高粱的播种期还应根据品种、土质、地势等条件决定。晚熟种生育期长，要求积温高，应适时早播；早熟种生育期短，应适当晚播。沙地的地温上升快，保墒难，应早播；洼池、黏土地含水量高，温度上升慢，播早了容易出现粉种霉烂，可适时晚播。在播期安排上要抓主要矛盾，做到低温多湿看温度，干旱无雨抢墒情。

适宜的播期除了要考虑播种的温度和水分外，还要考虑糯高粱后期生长同自然气候条件的吻合。如播期过早，则容易造成后期早枯，降低产量。播期过晚，后期阴雨较多降低结实率，造成贪青晚熟，容易遭受霜冻，对产量极为不利（表5-1）。

我国华南地区糯高粱可在2月中下旬至3月上中旬播种，长江流域在3月底至4月中旬（山区）播种；北方糯高粱主产区适宜的播期大致是东北地区4月下旬至5月上旬，华北和西北地区为4月下旬。无霜期长的地区，土壤墒情好，可延至5月中旬播种。

表 5-1　不同播种期对糯高粱生育期和产量的影响

播种期	出苗期	抽穗期	成熟期	播种至出苗(天)	出苗至抽穗(天)	抽穗至成熟(天)	出苗至成熟(天)	产量(千克/亩)
4月10日	5月3日	7月27日	9.13	23.3	84.7	48.7	133.3	478.7
4月20日	5月10日	7月28日	9.14	19.7	80.3	48.0	128.3	526.1
4月30日	5月15日	7月30日	9.17	15.3	76.0	48.7	125.0	510.35
5月10日	5月21日	8月1日	9.18	11.3	72.0	48.3	120.3	478.15
5月20日	5月29日	8月3日	9.21	9.3	67.7	47.0	114.3	450.75
5月30日	6月8日	8月7日	9.24	8.7	60.7	46.0	107.0	397.35

（二）播种量

糯高粱播种量应根据种子发芽率、种子大小、整地质量、土壤墒情等条件来确定。播量太少,容易造成留苗不足,降低产量。播种太多,不仅浪费种子,而且间、定苗费工,幼苗生长细弱。目前生产上应用的糯高粱种子千粒重多在 20～30 克,每 0.5 千克种子有 1.6 万～2.4 万粒,按田间出苗 50% 计,可出苗 8000～8500 株,即 0.5 千克种子就可基本满足每亩留苗密度,但因风、旱、病虫害等多种因素,实际播种量往往为留苗数的 1 倍。一般发芽率在 95% 以上的种子,每亩播量以 0.4～0.6 千克为宜。但对发芽率低、整地质量差,或地下害虫多的地块,应适当增加播种量。对于不间苗的地块,可实行精量播种,采用精量播种机播种时要认真做好种子处理,每亩以 0.3～0.5 千克为宜。

（三）播种深度

糯高粱播种的深度一般为 3～5 厘米。高粱籽粒小,根茎短,芽鞘软,播种过深,幼苗出土时所受的阻力大,出苗时间延长。由于种子养分有限,发芽时根茎过分伸长,会消耗大量养分,播种越深消耗养分越多,故幼苗常因缺乏养分而夭折,出苗率显著降低。出土的幼苗由于养分不足造成发育不良,植株瘦弱,叶片发黄,苗细高、干重降低,生育期延迟,对壮苗极为不利。深播以后,芽鞘很难长出地面,以致第一、二片叶在土中放叶,此时幼苗失去顶土能力,在土中"圈黄"闷死,造成严重缺苗断垄。

确定播种深度还应考虑土质、墒情、品种和温度等条件。黏土地紧密,容易板结,不易出苗,应浅播,沙土地保墒差,容易出苗,可适当加深;墒情好的可浅播,差的应深播;土温高的宜深播,土温低的则应浅播;普通红粒品种,一般顶土力强,播深可达 3～5 厘米。

群众对播种深度总结是"一寸全苗,二寸缺苗,三寸无苗"。如果在适宜播种深度基础上,每再增加 2 厘米,出苗期推迟 1～2 天,保苗率相对减少10％～20％。

（四）播种方法

糯高粱推广机械播种有平播、垄播和穴播等,华北、西北地区以平播为主,东北、西南地区采用垄播较多,部分边远山区有穴播的习惯。

机械播种速度快,质量好,可显著缩短播种期,做到适期播种。采用机械播种,使开沟、播种、覆土、镇压等项作业连续进行,利于保墒,保苗率达95％以上。

机播种子要预先进行处理,可通过风、筛或人工选种,除去瘪粒、碎粒、颖壳、杂草和其他杂质,选用饱满、整齐、成熟一致、无机械损伤和病虫害的种子。经过闷种、浸种,含水量较大的种子,必须在阴干后才能播种。使用机械播种的土地,需要连片平坦,清除障碍物。平播地,在耕翻后,要进行耙、压等整地作业,除净杂草和作物根、茎,压碎土块,达到土细、地平、地净。

1. 垄播

垄播地宜在耕翻整地后,进行起垄,并清除垄上的作物根、茎和其他杂物,以适于机械垄上播种。未耕翻的土地,要先清掉杂草和作物根茬,进行翻耕、旋耕、起垄,压实垄体,消除土块,再行播种。为保证机械作业质量,起垄、播种和中耕机具必须很好配套。根据各地的自然特点和所用农机具的不同。由于垄播地面起伏不平,增加了对风的阻力,可以减轻风蚀。垄播后仍留有原垄痕迹,管理也较方便。但垄播土壤耕作次数多,垄面大,蒸发作用强,不利于抗旱保墒。

2. 平播

在华北和西北地区多采用平作,用机条播种。根据不同种植方式和行比,调节行距和穴距,可同时播种几行,播种均匀,管理方便。平播由于土壤耕作次数少,田间又无垄面,可减少土壤水分蒸发,有利于防旱保墒。春旱严重地区,平播是抗旱播种的重要措施之一。但要注意深浅均匀一致,播后要及时镇压保墒。

3.穴播

一般对利用土壤下层墒情有利。有机械条穴播、人工穴播。机械条穴播种,要调整好播种器上的下种间距;地块比较小,不便于机械条穴播种的,可采取人工穴播,用小铲开穴播种,但费工费力,而且覆土深浅难于掌握,要注意覆土深度。无论什么播种方法,都要严格保证质量,达到深度一致,下籽均匀,以保证出苗齐全。

三、播后镇压

播种后,土层暄虚,孔隙增大,容易造成土壤水分大量蒸发,吊干种子。播后镇压,可以压碎土块,压实土层,使土壤与种子接合,并能将土壤下层水分提到播种层,供种子萌发吸收。镇压后,土壤容重增加,孔隙缩小,为种子发芽出苗创造了有利的土壤环境条件。垄上用木(铁)礤压一遍的幼苗在三叶期比不压的出苗时苗高2～3厘米,多1片叶。播后镇压,需根据土壤墒情掌握适宜时间。镇压过早,土壤湿度大,会造成土壤板结,影响出苗。镇压过晚,会使土壤失墒过多,土层干硬,坷垃也不易破碎,失去保墒保苗作用。

四、抗旱播种

播种时土壤干旱,影响保苗,以至造成补种或毁种,是糯高粱产区经常遇到的问题。因此,在缺乏灌溉条件的地区,必须采取相应的抗旱播种措施,战胜干旱,做到一次播种保全苗。

(一)抢墒早播

我国大部分糯高粱产区,都有春季出现干旱的气候特点,农谚有"春雨贵如油"。抢墒早播是春播糯高粱区一项有效的抗旱保苗播种措施。当旱象刚出现,还不到适宜播种期,为了解决出苗缺水问题,提前抢墒播种,从而保证种子发芽出苗所需的水分。

（二）提墒播种

在干土层不超过 7 厘米,底墒比较好时,于播种前对地面镇压 1～2 遍,压碎坷垃,压实土层提墒。通过镇压,干土层可减少 2～3 厘米,5 厘米土层含水量可提高 2%～3%。镇压后即可播种。如土层严重干旱,播后还需加强镇压。

（三）坐水播种

这是一种行之有效的抗旱播种措施。在垄播区,先破垄浇水,再合垄埋墒,后进行播种。也可在播种当时先开沟浇水添墒,水渗下后,再播种覆土,播后适时镇压。如结合施液体种肥,加大水量,补充底墒,既能抗旱,还可提高肥料的利用率。

五、抗涝播种

糯高粱播种时受涝,容易造成粉种和闷芽。特别是在南方春播糯高粱区,早春土温较低,再遇春涝,发芽出苗缓慢,粉种现象更为严重。各地在抗涝播种上都有一些好的经验和做法。

（一）浸种催芽播种

经过催芽的种子,出苗快,比不催芽的提早出苗 2～3 天,有显著防止粉种的作用。经催芽的种子粉种率比未催芽的降低 10%。具体做法:将 3 份开水兑上 2 份凉水,随即将种子放入水中搅拌 10 分钟,让其自然冷却,浸 5 小时后捞出种子,堆放在盆或桶中,种子上覆盖湿布,经 8 小时,种子开始"露白",即可播种。催芽不宜过长,以防播种时碰伤幼芽。催芽的种子只能在土壤湿度较大的情况下播种,而不能在干旱的土地上播种,因发芽种子在土壤中如吸收不到足够水分就会干枯,发生"炕芽",加重缺苗程度。

（二）适当浅播

土壤水分过多时,适当浅播,利于失水,增温,加快幼苗出土,减轻粉种率。无论是早播或晚播,沙土还是淤土,覆土厚度以 3 厘米左右为宜。据安徽省濉溪县濉西农业技术推广站试验,3 月 25 日播种,播深 3 厘米的粉种率为 6%,播深 5 厘米的粉种率为 24%,播深 7 厘米的粉种率达 30%。

（三）细施底肥

发酵好整细的有机肥，如优质圈粪等，在低温多湿的土壤上施用，有吸湿增温作用。垄播区，播种时可先破垄开沟，撒入细粪，将种子播在上面，覆土要薄，轻压或不压，群众比喻为，"睡热炕，盖薄被"，可以促进种子早发芽出苗。

（四）适时晚播

春涝年份，地温一般都偏低，回升慢，播种后需要较长时间才能发芽出苗，容易发生粉种、霉烂和沤根等现象。因而，需要待地温稳定在 12℃时再播种，才有利于出苗。

第四节　糯高粱合理密植

种植密度是影响糯高粱单位面积产量的重要因素之一，有了良好的土、肥、水条件和其他栽培技术，还必须实行合理密植，才能有效地利用光能和地力，获得增产。合理密植就是要根据当地具体的自然和生产条件，确定适宜的种植密度，既不过密，又不过稀。合理密植的作用，在于调节个体与群体的关系，在保证个体良好发育的基础上，使群体也得到充分发展，从而提高单位面积上的光能利用率和经济产量。探索糯高粱的适宜密度和增产途径，需要分析糯高粱产量构成，研究在不同密度下植株对光能的利用能力。

一、合理密植的原则

糯高粱的种植密度受许多因素的影响，合理的密植要根据具体条件来确定，不能照搬套用外地经验，必须根据当地的自然和栽培条件，结合品种、土壤、肥水条件等，因地制宜，综合考虑。

（一）品种特性

品种的植物学特征和生物学特性是确定密度的主要根据之一。一般株型紧凑、叶片上冲、叶面窄短、茎秆坚韧抗倒伏的中矮秆、早熟品种或杂交种多适于密植。植株高大、叶片大而披散、对水肥要求高、茎秆较弱的晚熟品种，种植密度不宜过大。抗逆性强、适应性广的品种宜密植，喜水肥、适应性差的品种宜稀植。早熟类型宜密植,晚熟类型宜稀植。我国近年来育成的矮秆杂交糯高粱品种,高产的群体可达每亩1.2万株。密度超过适宜范围后,容易造成大面积发生病虫害。

(二)土壤肥力

糯高粱种植密度在很大程度上还受土壤肥力、土质、土层厚度、施肥水平所制约。在土壤肥沃,水肥充足,植株生长发育良好的情况下,种植密度应小些;而土壤瘠薄、施肥水平不高,单株生长势弱的,则种植密度要大些,靠密植取胜。原则上是肥地宜稀播种。沙土地积蓄养分和水分的能力差,密度应稀点;黏土地养分和水分的含量较高,供肥能力强,有后劲,可适当密植。平地、土层厚、肥力高,宜密植;山地、土层薄、肥力差,应稀植。洼地、盐碱地土层虽厚,但含水量大,通气性不良,也应适当稀植。

(三)地势

有一定坡度的地,植株呈等高线分布,利于通风透光,可适当增加密度。山坡地一般植株矮小,叶片相对较少,也可适当增加密度。洼地水肥较多,但日照相对较少,应适当稀植。向阳坡地、光照充足,可适当密植,背阴坡地、光照少、温度低,应稀植。

二、种植方式

随着土壤肥力和施肥水平的不断提高,糯高粱的种植密度也可相应地增大。但密度增大以后,到生育后期糯高粱群体与个体的光照矛盾又会加剧。为了解决这一矛盾,可采用适宜的种植方式,进一步发挥合理密植的增产效果。糯高粱的种植方式多种多样,归纳起来主要有等距条播、宽窄行种植、穴种及套种等。

(一)等距条播

采用等行距,单株留苗,较为普遍,行距的宽窄主要因种植习惯和农机具的不同而异。华北地区一般行距为35～40厘米,株距16～20厘米;东北地区一般行距为55～66厘米,株距12～15厘米。南方地区一般行距60厘米左右,株距15厘米左右(图5-2)。这种方式植株分布较为均匀,对养分、水分和光能的利用都较充分,产量较高,但容易引起田间下层郁闭。

图 5-2 等距条播种植

（二）宽窄行种植

采用宽行和窄行相间排列的种植方式，有利于改善通风透光条件，植株封行晚，便于中后期田间管理（图 5-3）。在高水肥地块采用这种种植方式，对增加密度，提高产量有利。宽窄行适宜的种植密度可达 1 万～1.2 万株/亩。根据山西农业科学院高粱研究所试验，同样的地块采用等行距和宽窄行种植比较，宽窄行种植比等行距种植可增产 20％以上。行距以小行 25～33 厘米、大行 60～66 厘米为宜。宽窄行可增加密度 30％以上，后期通风透光条件明显优于等行距，倒伏程度在不同年份均较等行距轻。因此，宽窄行种植是增大密度、提高产量的有效措施之一。

图 5-3 糯高粱宽窄行种植

（三）穴播

在高水肥条件下，宜采用增大穴距，增加每穴留苗株数的种植方式，对提高产量有利。东北、西北地区部分高产田一般穴距为 36 厘米，每穴留苗 3～4 株，穴行距 60～66 厘米，每亩 8000～11000 株，增强了穴行内通风透光的条件，获得较高的产量。

（四）套种

可与马铃薯、大豆、中药材等矮秆作物进行套作带状种植，充分利用空间、光能和地力，又可改善糯高粱通风透光的条件，提高作物总产量，增加土地的利用率，实现高产高效的目的。一般是厢（垄）宽 170～255 厘米，冬季起垄种植 2～4 行马铃薯，垄上行距 25～30 厘米，留 85 厘米春季起垄套种（移栽）2 行糯高粱，行距 30～40 厘米（图 5-4）。糯高粱与大豆间作带状套种，是先播（栽）糯高粱，后间作或套种大豆，每厢种植 2 行糯高粱、2～4 行大豆。

图 5-4　糯高粱与马铃薯套种

第五节　糯高粱田间管理

按照生长发育进程，分为苗期、拔节期至抽穗期和结实期的田间管理。

一、苗期管理

糯高粱从出苗至拔节前称为苗期（图 5-5，图 5-6）。一般早熟品种约需 30 天，中晚熟品种需 40～50 天。糯高粱苗期生长特点：地下根系生长较快，根数、根长增长迅速，到拔节时根数可达 20 多条，根系入土深可达 1 米。地上部分生长缓慢,植株矮小,日增量仅约 1 厘米,茎叶干重不到最大干重的10%~15%,因此这一生长阶段的主攻方向是促进根系生长。这阶段的温度适于根系生长,养分分配向根系转移较多,针对糯高粱苗期生长特性及环境条件,我们应采取积极措施,促进根系伸展,扩大根系吸水、吸肥范围,使地上部生长苗壮,达到苗全、苗齐、苗壮,为糯高粱中后期生长发育打好基础。根据各地农民的生产实践和经验,糯高粱苗期田间管理工作主要抓好以下几个环节。

图 5-5 糯高粱出苗期

图 5-6 糯高粱苗期

(一)查苗补苗

播种后,由于土壤墒情不足,低温粉种,地下害虫危害或播种质量差等多方面的原因,造成缺苗断垄。因此,在播种至出苗阶段要进行出间检查,发现缺苗断垄要立即补种补苗。补种时应当先浸种催芽,然后补种。土壤墒情不足时,应先浇水补墒,然后补种,以加速出苗,达到幼苗生长一致。有的可采用补栽的措施,达到苗全、苗齐、苗壮,补栽宜在5~6叶前移栽。可选择晴天下午或阴天进行。用移栽器将过密的幼苗移到缺苗断垄处,移栽后要压实根际四周土。土壤干旱时应座水移栽,以保证成活。移栽后的苗要比正常苗埋深1厘米左右,以免风干死苗,并要增加水肥供应,促其赶上正常苗的生长。

(二)破除板结

糯高粱出苗前,经常遇到降雨,造成地面板结。由于糯高粱发芽后顶土力弱,往往因板结,妨碍糯高粱出苗,因此,应及时破除板结。破除板结的方法有耙地和镇压两种方法。耙地主要适用于糯高粱刚播种后,耙地要浅,以划破板结为限,防止水分大量蒸发,种子落干,并能提高地温,减轻病虫害。有的地方采用两齿耙(一个长齿,一个短齿)破除板结,人工操作两齿耙时便于调节耙齿深度,顺垄耙地时根据板结程度掌握入土深浅,减轻耙地时对已发芽籽粒的损害,在糯高粱临出苗出现板结时,可采用镇压的方法破除板结,但必须注意掌握好镇压的时间,土壤过湿会加重板结,镇压过晚,土壤干旱后,效果不明显,一般在地皮刚发干时镇压,比较利于出苗。

(三)间苗定苗

早间苗、早定苗可以避免幼苗互相争夺土壤中的水分和养分,减少地力消耗,促进幼苗生长,是健壮苗早发的有效措施之一。根据各地经验糯高粱间苗宜在出苗后展开 2～3 叶时进行,糯高粱定苗于 4～5 叶期进行,这样有利于培育壮苗。若间苗过晚,苗大根多,容易伤根或拔断幼苗,断苗还可以长出新叶,造成间苗用工浪费,而且幼苗挤在一起,影响根系生长和地上部发育,组织嫩弱,下部节间伸长,中后期容易发生倒伏,不利于壮苗早发。定苗时要求做到等距定苗,留壮苗、正苗。定苗时要根据芽鞘、幼苗颜色、叶形和幼苗长势,拔除杂株,提高纯度,充分发挥良种的增产作用。各地生产实践表明,早间苗比晚间苗(7～8 叶)增产 5％～10％。对于低洼地、盐碱地和地下害虫危害严重的地块,可早间苗,晚定苗。以免造成缺苗。

(四)中耕除草

中耕的作用在于消灭杂草,以减少杂草与幼苗争肥、争水、争光,培育壮苗,通过中耕还可破除土壤板结,疏松表土,改善土壤通气性,调节土壤水分和温度,促进糯高粱苗齐苗壮,糯高粱在幼苗期间气温较低,生长缓慢,土壤中宿根性杂草和其他杂草在水肥条件适宜时很快会滋生蔓延,若不及时除草,容易产生草多苗少,形成草荒,对壮苗不利,特别是低洼地,湿度大,杂草较多,中耕宜适时进行(图 5-7)。同时由于降水多以及田间作业时人、畜及农机具的压力,使土壤表层易形成板结。当土壤干旱时,会造成幼苗生理脱水,因此通过中耕,破除板结,疏松土壤,同时也能切断土壤毛细管,减少水分的蒸发和散失。因为土壤湿度大时,可以增大土壤的孔隙度,加速水分散失,提高土壤温度。一般来说,糯高粱苗期中耕 2 次,第一次结合定苗进行,10～15 天后进行第二次,遵循宜早不宜迟原则,且注意提高中耕除草质量。

图 5-7　糯高粱中耕除草

（五）防治地下害虫

地下害虫也是造成缺苗断垄的重要原因之一。特别是一些低洼下湿地和黏土地，地下害虫较多，常出现咬食种子、断伤根系、咬断幼芽等现象。因此，认真做好地下害虫的防治工作也是一项保全苗的重要措施。地下害虫主要有蝼蛄、蛴螬、金针虫、地老虎等。防治的办法除前述的药剂拌种外，还可撒毒土、毒谷和喷施农药（详见糯高粱主要病虫害防治部分）。因高粱对农药很敏感，喷农药时要尽量与种子分开。

（六）蹲苗提苗

蹲苗的作用主要是适当控制地上部分的生长，促进根系生长发育，使幼苗生长健壮，防止生长后期倒伏。是控制徒长、培育壮苗的一项行之有效措施。糯高粱苗期需水不多，是一生中较耐旱的时期，其蹲苗方法是在土壤肥沃、幼苗生长良好的情况下，控制灌水，加强中耕，使表层土壤疏松干燥，干层水分保蓄良好，促进根系向下深扎，控制地上部的茎叶徒长。实施蹲苗具体办法是在幼苗长出 4～5 叶时，将苗眼周围的表土用手锄扒到一边，使幼苗根部处在凹窝中，茎基节和根茎的上部暴露在地表之上，进行扒土晒根，有利于提高土壤温度，促进根系下扎，控制分蘖和浅层次生根系生长，同时地上部的茎叶生长减弱，体内积聚有较多的有机营养，为根系迅速生长，增加根系吸收能力，培育壮苗打下基础。同时由于蹲苗控制了地上部分生长，使幼苗茎节敦实粗壮,植株生长健壮,抗旱抗倒伏力强,容易获得高产。

蹲苗要根据土壤肥力、土壤含水量和幼苗长势灵活掌握,一般的原则是蹲肥不蹲瘦、蹲涝不蹲旱、蹲早不蹲晚。蹲苗时期一般从定苗开始到拔节前结束,其时间长短根据具体情况而定,地势平坦、土壤肥沃、水分充足的,蹲苗时间可长些,土质瘠薄、土壤易干旱的,蹲苗时间宜缩短,甚至不蹲。晚熟品种蹲苗时间可长些,早熟品种蹲苗时间宜短或不蹲,蹲苗时间 10~20 天,蹲苗时间太长,容易产生老苗,降低后期茎叶生长量,影响穗分化。

由于田块肥力不匀,种子整齐不一,或是播种质量欠佳等原因,常造成幼苗生长不齐,出现弱苗、晚发苗,如不抓紧管理,幼苗生长间的差别会越来越大,造成减产,因此应追施速效性氮肥,使弱苗赶上壮苗,促使幼苗生长整齐一致。尤其对于瘠薄地、基肥少的地块,幼苗黄瘦,故可提早在定苗后,拔节前追肥。

（七）盐碱地苗期管理

糯高粱虽有耐盐碱的能力,但在不同生育时期耐盐碱能力也不同,发芽出苗期耐盐碱的能力最弱,以后逐渐增强,幼苗期土壤含盐量在 0.227%~0.386% 时,能抑制幼苗生长。盐碱地幼苗出得晚,长势弱。田间管理要早间苗、多留苗、迟定苗。要及早中耕除草,疏松表土,调节土壤水分,提高地温,抑制盐害。盐碱区的农民有锄"梦锄"的习惯,即在出苗前套垄背浅锄一遍,"梦锄"可以增温抑盐,使苗早出快发。盐碱地在雨后要及时锄地以破板结,防止水分蒸发,减轻返盐。台田、条田可以采用灌水压盐的办法,促进幼苗早发。灌水后要及时锄地,防止返盐。

二、拔节期至抽穗期管理

糯高粱拔节以后,逐渐进入挑旗、孕穗、抽穗时期,一般春播早熟品种历时 20~30 天,中晚熟品种历时 30 天左右。这一阶段的生长中心是逐渐由根、茎、叶转向穗部,即由营养生长转入生殖生长。拔节以后植株的根、茎、叶营养器官旺盛生长,幼穗也急剧分化形成,以后进入营养生长与生殖生长同时并进的阶段,是糯高粱一生中生长最旺盛的时期(图 5-8)。这一阶段是决定穗大粒多的关键时期,需水肥多,对环境条件要求严格。这一时期如肥水不足,植株营养不良,叶面积小,积累的有机物质少,造成穗小码稀。如营养生长过旺,养分过多地消耗于营养体的生长,也会造成穗子发育不良,后期容易倒伏。这一阶段由于营养生长和生殖生长都需要大量的营养物质,因此,采取有效的栽培管理措施,以肥为主,协调营养生长和生殖生长之间的营养物质分配,达到植株健壮,保证幼穗良好发育是这一阶段的主攻方向。据沈阳农业大学观察,糯高粱在拔节至抽穗的 1 个月时间,叶片增加 9～10 片,叶面积迅速扩大,叶面积系数由 1 增到 4 左右,地上节间 12～13 个全部伸长与形成,株高增长 4～4.5 倍,穗部各器官也分化形成并充分发育。

图 5-8　糯高粱拔节期

（一）中耕培土

拔节以后,勤中耕,深中耕,能保持土壤疏松,并可切断部分根系,抑制地上部的生长,促进新根发生,扩大吸收水肥面积,对壮株大穗的形成,提高经济产量都有积极作用,培土的作用是防止倒伏,保蓄水分,便于土壤养分集中于根系,促进气生根向土壤伸展,增强吸收水肥的能力。中耕一般在拔节后开始,这时中耕要深,可在 10 厘米以上。后期中耕要和培土结合进行,以促进支持根早生快长,增强防风、抗倒伏、抗旱和土壤蓄水保墒的能力。

（二）适时排灌

糯高粱拔节以后,茎叶生长迅速,幼穗分化开始,植株大量积累干物质,地面蒸发和叶面蒸腾也在逐渐增大,植株需要充足的水分供应。水是植物光合作用的原料,又是植株吸收和运输物质的媒介。由于水具有较高的导热性,通过水的蒸腾,可以散失热量,调节植株的温度,避免高温的危害和发生灼伤。因此,在有水源的情况下,灌溉可显著地增加产量。

糯高粱是比较耐旱的作物,但在生育期中有适宜的水分,能获得较高产量。糯高粱的耗水量因品种、产量、气候条件和生育阶段的不同,差异较大。一般全生育期需水每亩240～320立方米。一般来说,单位面积的耗水总量随单产的提高而增多,每生产1千克籽粒的耗水量也随单产的提高而增多,因此,要提高水的利用率,增加效益,就必须以高产为前提。由于糯高粱是耐旱作物,但不同生育阶段耐旱程度不同。苗期耐旱性强,拔节以后逐渐降低。据辽宁省水利科学研究所试验,拔节至抽穗的30多天的耗水量占总耗水量的32.4%,是日耗水强度最大的时期,也是需水的关键时期(表5-2)。此期干旱,不仅植株营养不良,而且严重影响穗子大小和粒数多少。糯高粱拔节期土壤含水量低于田间持水量的75%,抽穗期低于70%时,应灌溉浇水。

表5-2　糯高粱各生育阶段的需水量

生育阶段	所需天数	耗水量 (米³/亩)	占总耗水量 (%)	日耗水强度 (米³/日·亩)
播种至拔节	68.5	57.6	25.3	0.86
拔节至抽穗	30.5	73.7	32.4	2.41
抽穗至成熟	50.0	96.3	42.3	1.93
全生育期	149	227.6	100.0	1.53

糯高粱经济合理的灌水量应根据该时期大部分根系下扎的深度和灌溉前土壤的水分状况来确定。每次灌水量与灌溉前土壤贮水量之和,不能超过计划灌水层土壤最大的持水量(表5-3)的范围。否则,水分过多,影响土壤透气性,经济效益不高,而且容易引起土壤次生盐渍化,对糯高粱苗生长不利。适宜的灌水量可用下列公式计算:

阶段灌水量(米³/亩)=[持水量(%)−灌前土壤含水率(%)]×土壤容重×计划土壤灌水深度(米)×666.7平方米。

表 5-3　不同土壤最大持水量和糯高粱能利用的水量

土壤质地	最大持水量(%)	无效贮水量(%)	糯高粱能利用的水量(%)
沙土	14.3	0.3	14.0
壤土	47.4	9.3	38.1
黄土	59.3	10.1	49.2
黏土	64.1	10.9	53.2
腐殖土	65.3	11.9	53.4
盐碱土	68.5	16.2	52.3

注:按水分重量占干土重百分数计数。　　　　　　　　　　　　　(山西农业大学,1983)

　　拔节至抽穗阶段根据干旱情况浇水,顺厢沟窨灌,随灌随排。盐碱地适当增加灌水量,能把盐碱带入地下,以减轻对糯高粱的危害。生产上常采用深灌压碱法,既解决高粱的需水,又减少盐碱危害。

　　拔节期灌水对糯高粱产量的影响极为明显,增产幅度在 $10\%\sim28\%$,有时增产可达 1 倍。拔节水可满足幼穗分化期茎叶生长所需要水分和干物质积累,对增加植株生长都有重大作用。可使叶面积迅速扩大,增加光合面积,积累营养物质。越是干旱灌水效果越明显。但是,拔节期是茎部节间伸长时期,应注意防止因灌水过早,节间伸长,引起后期倒伏。因此,拔节水应少灌,轻灌,如土壤水分在田间持水量的 75% 以上时,可以不灌。

　　挑旗孕穗阶段,对水分要求更为迫切,可以保证正常开花和授粉以及籽粒灌浆十分重要。需水达到高峰,这一时期需水量占全生育期的 35%。此时干旱会造成"卡脖旱",结果抽不出穗来,严重影响幼穗发育,引起小穗小花退化,降低结实率而严重减产。这个时期的土壤湿度不能低于 70%,否则应及时灌水。挑旗水对穗粒及产量的影响很大,灌挑旗水对提高穗粒数、千粒重和增加产量的作用都较大。据研究,一般灌溉比不灌溉增产 $8\%\sim10\%$。

　　糯高粱具有较强的抗涝特性,但当降水过多,土壤长期积水时,由于土壤空气缺乏,容易引起根系腐烂和茎叶早衰。特别是在低洼、盐碱地,水涝常伴有盐碱,对糯高粱危害更为严重。因此,在低洼易涝地区,必须做好排水防涝工作,以保证高产稳产。在我国南方多雨、地下水位高的地区,为排水治涝,糯高粱常采用垄作。在北方采用大垄种植糯高粱，垄高沟深，便于排除田中积水，在地下水位高甚至经常浸入的地区，可修建条田、台田，以提高田面，使土壤根层脱离淹泡，便可减轻涝害，提高产量。

（三）喷洒植物激素

在糯高粱生育期间，适时喷洒某些植物激素，可以调节植株营养生长和生殖生长的关系，防止倒伏，促进氮磷的吸收和运转，使植株提早开花，加速灌浆，提早成熟，增加产量。常用的植物激素有下列几种。

1. 赤霉素

赤霉素又叫"九二〇"，它具有刺激细胞分裂或细胞伸长的作用，能促进植物的生长发育，促进种子萌发，可使茎秆节间伸长，叶面积增加，提早开花结实，早熟增产，在糯高粱上应用赤霉素有以下几种方法：①用 4×10^7 的药液，在糯高粱刚刚放开心叶时喷施，每亩用药液 5～10 毫升，兑水 30 千克喷施。②抽穗前用 2×10^7 赤霉素液喷洒植株，兑水 30 千克喷施。③开花末期，即穗下部小花基本萎蔫时，用 3×10^7 的药液喷穗，兑水 30 千克喷施。糯高粱喷洒赤霉素后可提早成熟 7～8 天，并有一定的增产效果。

2. 乙烯利

乙烯利又叫一试灵，化学名称 α-氯乙基磷酸，是一种有机磷酸。易溶于水和酒精。在酸性条件下比较稳定，但当氢离子浓度在 100 毫摩尔/升以下（pH4 以上）时，则分解释放出乙烯。目前生产上应用的剂型为 40% 的水剂。乙烯利是一种植物生长调节剂，具有打破种子休眠、减少顶端优势、去雄和催熟等作用。

糯高粱出苗后 40～45 天，用 2.5×10^8（40% 的乙烯利兑水 1600 倍）的乙烯利药液叶面喷雾，每亩用溶液 20 升，可使节间缩短，株高降低 20 厘米左右，茎的韧性提高，抗倒伏性增强，一级枝梗缩短，小穗数、穗粒数和千粒重增加，在密植（每亩 1 万株）条件下，可使植株变矮，整齐度提高，倒伏率下降，空秆率减少，千粒重增加。山西省农业科学院高粱研究所在高产田喷施后，增产在 13% 以上。喷施时要严格掌握浓度，应随用随喷，不能与碱性农药混合。

3. 矮壮素

矮壮素又名三西，化学名为 2-氯化乙基三甲基铵氯化物，为人工合成的植物生长延缓剂。其作用是抑制植物细胞伸长,但不抑制细胞分裂。因而能防止作物徒长,使茎秆粗壮,叶片短厚,叶色深绿,根系发达,还有增强作物抗旱、抗寒、抗盐碱的作用。据辽宁省锦州市农科所调查,糯高粱拔节期喷洒 0.1% 的矮壮素,每亩用药液 75 升,可降低株高 13~14 厘米,千粒重增加 1~2 克,提早成熟 4~5 天,增产 7.2%~14.7%。

4. 丰产素

丰产素又名复硝钠,是一种新型的植物生长调节剂,它具有促进植物细胞活性,打破种子休眠,提高产品品质和增加产量的功能。使用方法可在糯高粱抽穗前和扬花期进行叶面喷雾,浓度为 5000~6000 倍液,每亩每次用药液 50 千克。

除上述的植物激素外,糯高粱还可喷施叶面宝、多效唑、喷施宝、丰收宝、增产灵、七〇二等激素和肥料。

(四)适期追肥

糯高粱拔节以后营养生长和生殖生长加快,植株吸收养分的数量急剧增加,吸收量达到全生育期总量的一半上,据内蒙古农牧学院用放射性同位素 ^{32}P 测定,拔节期吸磷量占全生育期吸磷量的首位,为 47%。而已进行穗分化的生长锥吸磷量又占全株的 62.3%,至挑旗时幼穗吸磷量仍占全株的 60.7%,这一时期的养分供应状况,对糯高粱穗的大小和籽粒的多少有直接关系,河北坝上农科所测定拔节至抽穗期糯高粱每亩吸氮量为 7.69~9.23 千克,占一生总吸氮量的 49.21%~49.28%。总的趋势是前期含氮高于后期。9~12 叶期达到一生中含氮的高峰。因为这一阶段是幼穗分化的关键时期,是形成穗大粒多的基础,穗大必须三级枝梗数多,粒数受每穗小花和结实率数量所影响,而小穗小花数又受二、三级枝梗数所支配,所以,增加小穗小花的关键在于增加二、三级枝梗数。利用追肥措施促进小穗小花的增加,必须在枝梗分化阶段发挥作用,才能起到增产的效果。有资料说明拔节期早追肥,满足枝梗与小穗小花分化对养分的需要,可显著增加枝梗与小穗小花数,从而增加每穗粒数。拔节期追肥不仅能促进穗分化,而且对植株营养生长也有很大的作用。追肥以后,植株营养充足,加速了叶片的迅速扩展,增加了植株的光合叶面积,在某种范围来说,叶面积越大,制造的有机营养越多。

而拔节以后光照充足,叶面积系数由小到大,追肥后,由于养分供应充足,光合作用效率提高。光合产物源源不断地供给植株,满足营养器官和生殖器官的生长需要,植株健壮,茎粗叶茂,叶色深绿,叶片宽厚,根系发达,呈现丰产的长相。

1. 追肥数量

追肥的数量应该根据产量指标、地力、基肥施用量等因素来确定,一般亩基施农家肥 2000~3000 千克的条件下,要实现千斤产量,每亩追尿素 10~15 千克为宜(其他化肥可按同等含氮量折算),增产效果明显,如追肥不多,肥料利用率低,效益不高。

2. 追肥时间

宜早不宜迟,在肥料数量不多时,应于拔节期一次施入,因追肥时间过晚,对植株早发和增加枝梗分化的作用降低,所以,提倡早施追肥。如果肥料数量多,或者在后期宜脱肥的沙土田上,可分两次施入,两次追肥应掌握"前重后轻"的原则,"前重"即重追拔节肥,用量约占追肥总量的 2/3,对增加枝梗数有利。"后轻"即轻追挑旗肥,目的是保花增粒。挑旗时追肥因植株正处于花粉粒形成前,对较少小穗小花的退化,增加结实粒数和粒重有促进作用,并能延长叶片寿命,增强光合能力,防止植株早衰,两次追肥前重后轻比前轻后重的增产效果更大,一般可增产 9.4%~33.6%。

3. 追肥的方法

在机械耕作的田块可采用追肥机,结合机械中耕,一次进行。有的地方采用顺垄溜肥后立即中耕,追肥效果较好。有灌溉条件时,可结合浇水撒施,但要注意施肥后及时中耕。还可采用穴追法,可选用移栽打孔器,在种植行上每两穴打一洞,或在窄行内每 3~4 穴打一洞,将肥料均匀丢入洞内,随即用土封盖施肥口;也可选用追肥器在种植行或窄行内打孔追施。追肥一定要注意深度和均匀一致,以增加肥效、减少因肥料不均匀而造成的"烧苗"现象。

三、结实期管理

糯高粱的结实期是指从抽穗到成熟的阶段,包括抽穗、开花(图 5-9)、灌浆(图 5-10)、成熟等生育期。春播高粱一般历时 40~60 天。

图 5-9　糯高粱扬花授粉期　　　　图 5-10　糯高粱灌浆结实期

糯高粱抽穗以后，从营养生长和生殖生长并进，转入生殖生长时期，生长中心转移到籽粒部分，茎叶生长则逐渐停止。这一时期茎叶制造和贮藏的光合产物大量向籽粒输送，是决定粒数粒重的关键时期。加强结实期的管理，采取相应的措施，以延长绿叶的功能期，增强根系活力，养根护叶，防止早衰，促进有机物质向穗部输送，力争粒大饱满、早熟、高产是后期管理的主攻方向。植株早衰或贪青，都将影响籽粒的灌浆、充实和成熟。结实期管理主要抓住以下几个环节。

（一）叶面喷肥

糯高粱抽穗以后，吸收养分的数量逐渐减少，吸收的氮、磷、钾分别占全生育期的 22.8％、1.5％、6.1％。抽穗后上部叶片颜色变浅，下部黄叶增多，表现明显脱肥的地块，可补施一次化肥，以延长绿叶的寿命，促进灌浆成熟。也可采用叶面喷肥的方法，增加穗粒重，促进早熟。

1. 磷酸二氢钾

这是一种含磷、钾量较高的复合化学肥料。这种肥料肥效高，使用方便，在植株体内运转快，适于叶面喷施。特别是当土壤磷、钾养分供应不足时，磷酸二氢钾效果更好。一般亩用肥 200 克，配制成 200～400 倍液，于抽穗前后喷洒，增产效果明显。

2. 丰产素

喷洒方法同拔节至抽穗期。

（二）灌溉与排水

糯高粱开花结实期间,叶片的光合产物大量供应穗部,并且茎秆和叶片中贮藏的营养物质也向穗部转移,植株体内的新陈代谢非常旺盛,这些生理活动的进行,必须有大量的水参与,因此,这个阶段对水分的反应也较敏感,农谚说,"春旱不算旱,秋旱减一半",说明了这一阶段水的重要性。如遇秋旱,当土壤含水量低于田间持水量的 70％时,应及时灌水,以保持后期有较大的绿叶面积和较多的光合产物,结实期因温度逐渐降低,浇水不宜太多,以免降低地温,延迟成熟。山西省农业科学院高粱研究所试验表明,秋旱后,浇灌浆水的比不浇的田块平均增产 30％以上,亩增产达 115～125 千克。

糯高粱生长后期耐涝,但秋雨过多,积水时间长,土壤通气不良,造成根系的生长活力减弱,对灌浆和成熟极为不利,应及时排水防涝。

（三）防治病虫害

蚜虫是糯高粱生长后期的主要害虫,防治蚜虫要根据虫情,及时喷药。穗螟是后期危害穗部的主要害虫,防治要注意及早、灭净,对于后期糯高粱黑穗病株要及时拔除,带出田外集中烧毁。

（四）适时收获

确定糯高粱的适宜收获时期很重要,它不仅影响糯高粱产量,而且与品质也有很大关系,收获过早,籽粒发育不完全,造成减产,收获过迟,则易自然落粒而造成损失。根据各地试验,糯高粱在乳熟期收获产量最低,在 80％的籽粒达到蜡熟末期时为最适收获时期,这时植株穗子的籽粒呈本品种或杂种固有的形状和颜色、粒质变硬,用指甲掐破,已无浆液,粒色鲜艳而有光泽,此期收获比完熟期收获可增收 2％～5％。

第六章　糯高粱特殊栽培技术

本章主要介绍糯高粱再生栽培、糯高粱育苗移栽以及糯高粱全程机械化生产等内容。

第一节　糯高粱再生栽培

一、再生栽培的原理与效果

糯高粱再生栽培是指在糯高粱头季成熟收获后,利用糯高粱茎节上休眠芽萌发力强的特点,使茎节基部腋芽再生发苗生长,抽穗扬花,灌浆成熟收获一季糯高粱产量。

（一）再生栽培原理

糯高粱生长的茎秆,每个节间纵沟都生有一定数量的腋芽,特别是茎基部,由于节间短,腋芽分布更为集中,当糯高粱成熟收割、掐穗或因机械损伤、病虫危害,使主茎或主穗不能继续生长发育时,这时具有较强萌发能力的茎基部或茎上部腋芽,很快就能萌芽,长出新的植株或分枝,并能在适宜的条件下生长发育,抽穗、开花、授粉结实成熟,当糯高粱正常成熟收获后,利用其分蘖腋芽生长发育,抽穗结实,再收获一季籽粒,这就是再生糯高粱。

（二）再生栽培的效果

我国南方糯高粱生产区的四川、重庆、贵州、云南、广东、广西、湖北、湖南等省(区、市),无霜期长,有效积温多,具有实行糯高粱再生栽培的优越条件,完全可以进行再生栽培。例如,湖北省现代农业展示中心自2005年开始,承担全国南方酿造糯高粱品种区域试验与生产试验以来,每年都是实行再生栽培,头季3月下旬育苗,4月上旬移栽地膜覆盖,于8月5日前后成熟割秆收获,基部留桩高度5~8厘米,头季每公顷产量6000千克左右,再生季成穗数比头季多40%~50%,并于11月上中旬成熟,整个籽粒灌浆期处于秋高气爽,光照充足的条件下,籽粒饱满,气候条件较好年份,产量在6750千克/公顷左右,高产可达7500千克/公顷。湖北仙桃市剅河镇2023年用红糯16作再生栽培,头季单产6750千克/公顷,再生季单产5250~6000千克/公顷。广西贵县大圩村,种植再生糯高粱0.52公顷,实现一种三收,糯高粱头季每公顷单产7740千克,再生栽培的第一季单产7170千克/公顷,再生二季单产1417.5千克/公顷,三季共产籽粒产量16327.5千克/公顷。

再生糯高粱(图6-1)可以有效地利用当地自然资源条件,实行一种两收,增加粮食产量。同时节省种子、整地、播种等所需的用工和物质费用。而且再生糯高粱苗子长势壮,根系发大,抗逆性强,病虫草发生轻,管理简单,投入产出率高。适宜长江流域及以南地区广泛推广。

图6-1　再生糯高粱

二、糯高粱再生栽培技术

(一)糯高粱头季栽培

糯高粱头季栽培是再生栽培的基础,头季栽培对当季产量高低起决定作用,还影响着再生季的生长发育与产量。因此抓好头季糯高粱栽培是再生栽培的一项重要措施。

1. 选择良种

糯高粱再生栽培用种,宜选用适应性广,抗病抗倒,再生能力强,增产潜力大、早熟性好,头季和再生两季都能正常成熟的品种。目前,适宜南方地区作再生栽培推广应用较多的糯高粱品种有两糯一号、川糯粱 6 号、机糯粱 1 号、金糯粱 9 号、湘两优糯粱 1 号、红糯 16 号等。

2. 整地施肥

(1) 整地。根据地形、地势、土壤质地进行翻耕整地,平地、土层深厚的壤土地,机械翻耕 25 厘米左右,坡地、土层较浅的黄黏土地,翻耕 20～25 厘米,炕土 15 天以上,机械旋耕碎土。播种前 5～7 天,普施农家肥后,开沟定厢或起垄,地势低洼的平地,按 110～120 厘米开沟起垄,地势高的平地按 240 厘米开沟定厢,每厢种植 4 行,行距 50 厘米。旱坡地每垄种植 2 行,垄上行距 35～40 厘米。

(2) 施肥。因地制宜,做到以地定产,以产定肥,配方施肥。依据糯高粱需肥规律,每生产 100 千克籽粒需吸收氮 2.6 千克,五氧化二磷 1.3 千克,氧化钾 3.0 千克。将农家肥 2000 千克、60% 的氮肥、全部磷肥、70% 的钾肥和锌肥作底肥,施肥后旋耕,开沟起垄定厢。垄作地施肥可采取垄上开沟,将肥料施用沟内,然后覆土盖肥,提高肥料的利用效率。

3. 适时播种

再生糯高粱生产季节性强,头季必须适时早播。在我国南方的一些省(区、市),春播糯高粱应在 7 月底或 8 月初收获,使再生糯高粱有 100 天左右的生育期,才能安全成熟。因此,头季适当早播,是确保再生季成熟与高产的关键。由南至北可在 3 月中下旬播种,为了获得高产,长江流域宜采取地膜覆盖栽培,头季完全可在 7 月底至 8 月初成熟收获。

4. 加强管理

头季育苗移栽,采取塑盘基质、营养钵、营养块或营养床等育苗方式,当糯高粱苗生长到 5～7 叶期移栽到大田,每亩定植 8000～12000 株。直播种植的地块,出苗期做好查苗补种,糯高粱苗 3～4 叶期间苗,缺苗采取移密补稀,5～6 叶期定苗。定苗后进行浅中耕、松土除草,促进根系生长发育。看苗情长势追肥,对弱小苗及时追施提苗肥,每亩施尿素 5 千克,拔节期追施攻穗肥,每亩施复合肥 20 千克,或尿素 10～12 千克、钾肥 5 千克。依据病虫测报,及时选用对口农药,防治病虫害。

5. 及时收获

头季糯高粱成熟后要及早收获,如不及时收获,会影响再生季的生长发育,而且会造成根的老化或枯死,茎秆失水,再生能力和产量降低。人工收获,一般在80％植株穗粒达到成熟时收获,随收随砍秆,否则拖延砍秆时间,茎上部腋芽就会优先萌发,消耗大量养分,影响下部再生芽的生长。机械收获,在85％以上植株穗粒达到成熟时收获。

6. 合理留茬

头季糯高粱收获时砍秆留茬高度,要根据留腋芽的高度进行。再生糯高粱有高茬留芽和低茬留芽两种方法。生长期较短的地区,可采取高留茬,留茬高度50厘米左右,利用上部腋芽生长,生育期短,仅需70天左右即可成熟收获,但产量较低。热量资源丰富,生长期长的地区,可采用低留茬,留茬高度5厘米左右,能够使根系吸收养分快速运送给再生苗,养分利用率高,再生苗生长健壮,穗子大,产量高。但要注意再生苗生长期长,成熟迟,易受霜冻危害。机械收获的地块,留茬高度10厘米左右,有利于基部茎上腋芽萌发生长。

(二)糯高粱再生季栽培

再生季由于所处的自然环境条件不同,生长发育与头季相比也有很大差别,主要表现为生育前期缩短,后期延长;适合再生栽培的植株高度比上季明显增高;籽粒千粒重增大。再生糯高粱的管理主要有以下内容。

1. 追肥灌水

头季糯高粱对地力的消耗很大,而且再生萌芽时原来的老根吸收能力减弱。因此在头季收获后,立即在小行中间开沟施肥攻壮苗,每公顷施复合肥450千克,或尿素225千克左右,随后覆土。如遇干旱,及时顺垄(厢)沟灌水,随灌随排,保持厢面湿润。在幼穗分化初期,根据苗情长势,再追一次攻穗肥,促进穗粒发育,每公顷施尿素75千克左右。灌浆结实期,喷施2％的磷酸二氢钾,尤其是在遇到后期低温时间较长的天气条件,喷肥促进灌浆更为必要,效果更明显。

2. 选留壮芽

头季砍秆后2~3天即可从茎秆基部长出新芽,砍秆后5~8天,再生苗即可出齐,要及时去掉弱芽、小芽,留芽密度要根据土壤肥力、水分供应和头季密度来确定,一般是肥力高的多留,如果头季密度是 10.5 万株/公顷,再生季每株留 2 个互生芽。

3. 中耕培土

砍秆追肥后,要及时浅锄一道,疏松土壤,清除田间杂草。定苗后立即进行深中耕,促进再生苗新根生长。再生苗生长出 7~8 片叶,进行培蔸,培土高度 5~6 厘米,促进气生根系生长。

4. 防控灾害

防御干旱、暴雨、大风、低温等自然灾害,以及生物灾害。遇干旱及时浇水,没有浇水条件的可采取人工喷水;遇暴雨及时排涝防渍;遇大风造成植株倒伏,及时扶苗、培土固根;遇后期连阴雨天气,在天气转晴及时喷施磷酸二氢钾＋芸苔素内酯,促进灌浆结实与成熟。防治生物灾害,包括病虫害、雀鼠害等。再生糯高粱苗期常发生芒蝇危害,中后期易发生蚜虫、玉米螟、高粱穗螟等危害,要掌握虫情,早防早治。

再生糯高粱成熟期正是雀、鸟类缺食季节,容易发生雀、鸟类集中危害,损失产量,应采用电子驱赶器或人工赶鸟等措施。

5. 适时收获

再生糯高粱籽粒成熟受天气影响比较大,灌浆结实期晴天多、光照好、气温高,籽粒灌浆快,成熟度就好,达到成熟标准,适期收获。若是遭遇到阴雨天气比较多,籽粒灌浆速度就慢,收获期应向后延迟,但要在降霜前抢晴天收获。

第二节　糯高粱育苗移栽

育苗移栽可以解决正茬直播糯高粱生育期不足的矛盾,以便充分发挥中晚熟品种的增产潜力,免除一些无霜期较短的冷凉地区、高寒山区因低温冷害而影响春播糯高粱的正常成熟;避免两熟制地区热量不足导致的,季节紧张。同时,移栽选用大小苗分级,叶片定向,便于栽后苗期管理,培育壮苗;还具有蹲苗、缩短基部节间长度、预防倒伏的作用,一般比直播增产10％～30％。

一、糯高粱育苗方法

春播育苗常采用塑料穴盘＋营养基质、营养钵(块)覆膜育苗,主要解决温度回升慢,寒潮影响气温波动大,保全苗、育壮苗;夏季种植常采用露地肥床育苗,可以争取季节,夺取两季高产丰收。

(一)塑料穴盘基质育苗

宜选择居住地房前空地育苗,当气温稳定通过8℃时,即可播种。先将营养基质或营养土＋杀菌剂混拌均匀,加水调至手握成团,落地即散状,放入塑料穴盘内,用木板刮平,将种子播入穴内1厘米深,然后用基质覆盖种子,每穴播种3～4粒,再将塑料穴盘放入育苗床,喷足水分,覆盖地膜或小拱棚农膜。出苗后苗床基质发白缺水时,用喷壶喷适量水分。当育苗2～3叶期,种子营养物质将消耗完时,喷施2％的尿素液;移栽前2天再喷施一次营养液和杀虫灭菌剂,带肥带药移栽到大田。同时搞好膜内温度调控,当膜内温度升到30℃以上,要揭开苗床两头或苗床两边薄膜通风,移栽前5～7天,白天掀开苗床上薄膜炼苗,晚上遇低温盖好薄膜(图6-2)。

图6-2　糯高粱塑料大棚育苗

(二)营养钵(块)育苗

选择距离大田较近的地块,整理苗床。冬季施足农家肥,深耕炕土,春季育苗播种前10～15天,施复合肥翻耕整碎土壤,制营养钵(块)的前两天,将苗床肥土浇透水,盖上薄膜闷一天,使水分均匀湿透土壤,再行制作营养钵,或按4厘米见方,划成营养块,然后播种子,每个营养钵(块)播2～3粒,播种后用细土盖种,喷足水分,覆盖薄膜。苗床管理同塑盘育苗。

(三)露地肥床育苗

选择距离移栽大田较近的地块整理苗床,播种前20天,施足有机肥或复

图6-3 糯高粱露地肥床小拱棚育苗

合肥深耕20～25厘米,再旋耕碎土,移栽前20天播种。均匀撒播,播后用菜耙轻耙床面盖种,用喷壶浇透水。用薄膜覆盖保墒保温,促进出苗快、出苗整齐。出苗后揭除薄膜,床面不出现发白不浇水,控制苗茎旺长。2～3叶期,喷施一次营养液加杀虫剂,5～6叶期移栽,移栽前一天浇足底水,便于起苗,并喷施一次营养液加杀虫剂,让苗子带肥带药移栽到大田(图6-3)。

二、糯高粱苗移栽至大田

(一)移栽时间和方法

1. 移栽时间

糯高粱移栽的时间以5～7片叶为宜(图6-4)。生育期较短的品种,以苗龄20天,叶龄5～6片移栽;生育期较长的品种,以苗龄20～25天、6～7片叶时移栽。农谚有"苗龄小成活少,苗龄老穗头小"。苗龄小,苗质嫩,栽到大田抵抗力差,遇到低温或高温容易失水,因而不易成活;苗龄老时移栽,因还未成活缓苗,穗分化就开始了,造成穗头小。

图6-4 糯高粱苗移栽

2. 移栽方法

一般采取开沟定距摆栽,移栽前先按行距开 10 厘米左右的沟,将苗子定距摆放在沟内,穴距 15～20 厘米,然后覆盖细土。也可采用按行距定距开穴移栽,开穴深度 6 厘米左右,将苗子栽入穴内。推行一穴双苗,每公顷移栽 5.25 万～6.00 万穴,每穴栽苗 2～3 株,覆盖细土至幼苗茎基部白绿交界处为宜,过深缓苗慢,苗也不壮。栽后点浇定根水,不能大水漫灌,夏季移栽温度高,田间蒸发量大,可顺厢(垄)沟窨灌浇水,使厢(垄)面土壤浸润湿透,随即排除沟水。

3. 移栽起苗

3 种育苗方式,移栽前一天,将苗床喷足水分,可用 2% 的尿素＋杀虫剂、杀菌剂混合均匀,喷于苗床。塑盘育苗,移栽时将塑盘拿起,单层摆放到运输工具上,再转移至移栽大田。营养块或肥床育苗的,移栽时用铁铲平着将苗铲起,带泥土厚度 3～4 厘米,铲起的苗土平放到运输工具里,转移到移栽大田。切忌多层摆放运苗,损伤幼苗叶片和幼茎。

(二)移栽后田间管理

1. 浇水

移栽时晴天土壤缺墒要及时浇定根水,促进新根生长成活。一般在栽后 2～3 天用喷壶点浇苗根部,以湿透苗根基土壤为宜,浇水过多,土温较低,不利于缓苗。

2. 追肥

在缓苗成活后及早追施苗肥,每公顷施尿素 75 千克,在两穴之间打洞 10 厘米深施入肥料,以利根系吸收,促进壮苗早发。

3. 中耕

中耕要早,先浅后深,当表层土发白时中耕,深度 3～4 厘米,起到松土除草,土壤透气的作用,促进根系生长;植株拔节前再进行一次中耕,并对苗根部浅培土 5 厘米左右,促进气生根系生长。

4. 防治病虫

防治地下害虫、叶部虫害以及病害。根据田间观测到的病、害虫发生情况,选用对口农药及时防治。

第三节　糯高粱全程机械化生产

全程机械化生产,是指利用机械代替人力完成农业生产的全过程,包括机耕整地、播种、施肥、植保、灌溉、收获、烘干、秸秆处理等环节全部实行机械化。全程机械化生产的作用主要体现在 4 个方面:一是提高生产效率,机械化的操作能够大大提高农业生产效率,减少人力成本,提高农业生产效益;二是促进农业现代化,机械化是农业现代化的重要标志之一,推进生产全程机械化能够促进农业现代化的进程;三是增加农民收入,通过机械化操作,可以增加农产品产量与质量,从而增加农民收入;四是推进农村经济发展,生产全程机械化,能够促进农业产业升级和结构调整。

一、全国农作物机械化情况

(一)全国农业综合机械化率

据全国农业机械化发展统计公报,2021 年全国农作物耕、种、收综合机械化率达 72.03%,其中机耕率、机播率、机收率分别达到 86.42%、60.22%、64.66%。而南方丘陵山区的综合农业机械化率只有 51%。

(二)糯高粱农业机械化薄弱

糯高粱主要分布在丘陵山区旱坡地,尤其是西南地区比较突出,相当一部分地块面积小、坡度大,适宜的机械比较少。从湖北省的情况看,沿长江、汉江平原,鄂中丘陵和鄂北岗地,地势比较平坦,高粱生产基本上实现了全程机械化;而地处西部山区的恩施土家族苗族自治州、十堰市、神农架林区以及宜昌市和襄阳市的西部山区县(区),机械化水平很低,多为小型农业耕整机,播种、管理、收获仍然是靠人工操作。

二、推进糯高粱生产全程机械化

在平原、丘陵、岗地和山区梯坪地,因地制宜推广糯高粱全程机械化生产,是提高生产效率,提升糯高粱产量和质量的有效措施。

（一）整地播种

根据土壤质地情况,使用拖拉机耕翻炕土,耕深 25 厘米左右,将上季作物秸秆、根茬全部翻入土中,然后用旋耕机整碎土壤,再根据适宜的种植方式,开沟起垄或定厢。春季种植糯高粱,雨水相对较多,以起垄种植为宜,按110～120 厘米宽开沟起垄,然后实行机械播种;夏季种植糯高粱,季节比较紧,不适宜进行耕翻炕土,可在前茬作物收获后,立即进行旋耕灭茬、保蓄土墒,随即选用播种、施肥、开沟、镇压一体化机械操作(图 6-5)。

图 6-5 糯高粱机械化整地播种

播种行距 50～60 厘米、株距 20 厘米左右,每公顷种植密度 15 万株左右,中矮秆品种宜密,高秆品种宜稀。

（二）机械植保

防治病虫草,选用无人机操作。无人机可以实现农药的精确喷雾,并且效率高、雾化细、喷施均匀、防治效果好,尤其糯高粱后期秆子高,人很难进地操作,选用无人机最为合适(图 6-6)。

（三）中耕除草

在糯高粱苗拔节前,使用中

图 6-6 无人机在糯高粱田喷施农药

耕机,顺行间中耕松土、除草速度快,质量高,效果好。中耕深浅一致,中耕翻起的土培到糯高粱苗茎基部,具有培蔸促进气生根系生长的作用。

（四）机械收获

1. 收获适期

机械收割糯高粱的适宜收获期，在糯高粱蜡熟末期，籽粒停止灌浆，籽粒含水量在 20％左右最佳。据研究，当糯高粱籽粒含水量分别为 30.0％、25.0％、20.0％、15.0％、10.0％时，收获籽粒损失率分别为 11.2％、10.0％、8.7％、12.5％、16.3％。由此可见，如果糯高粱一起成熟，当籽粒含水量为 20％时，开始收割，农田损失率和籽粒破损率最低。收割前要进行试割，计算农田损失率，如果计算结果农田损失率低于 5％，就可以收获。延迟收获虽然会减少籽粒干燥的费用，但也可能会增加农田损失率和降低糯高粱质量。如果测定的损失率超过了总产量的 5％，就需要通过降低机械行进速度或调整收集、脱粒、分离和清理机来减少糯高粱的机械收获损失。

2. 收获机械

糯高粱收割常用的机械有割台收割机和联合收割机两种。割台收割机适用于小面积的糯高粱田，操作简单，成本比较低；联合收割机，适用于大面积的糯高粱田，可以一次完成割断、脱粒、分选和收集籽粒作业。

糯高粱收割的流程可以分为割断植株和收集籽粒两个步骤。

割断植株是糯高粱收割的第一步，根据所选用的收割机不同，割断植株的方法也有所区别。

（1）割台收割机。通过刀片将糯高粱植株割断，操作时将割台调低，使刀片接触到植株的基部，启动机械，割断植株。割断后，糯高粱植株会被割台带动，向后排放，进入脱粒、收集、分选、存贮装置（图 6-7）。

图 6-7 割台收割机

（2）联合收割机。一般配备有割台和脱粒装置。操作时，将割台调低，使刀片接触到植株的基部，启动机械，割断植株。割断后，糯高粱植株会被割台带动，通过输送链向脱粒装置输送（图 6-8）。

图 6-8　联合收割机

第七章　糯高粱病虫草害防控技术

本章着重介绍糯高粱病害及防治技术、糯高粱害虫防治技术、糯高粱田杂草防治技术。

第一节　糯高粱病害及防治技术

糯高粱病害因地域而异。根据国际热带半干旱地区作物研究所在世界高粱产区的调查,发现较普遍发生的糯高粱病害有 15 种。包括高粱粒霉病、紫斑病、炭腐病、霜霉病、丝黑穗病、坚黑穗病、散黑穗病、长黑穗病、锈病、炭疽病、豹纹病、煤纹病、紫轮病、麦角病及玉米矮花叶病。在我国,危害糯高粱常见的病害也有 10 多种。穗部病害有高粱丝黑穗病、坚黑穗病、散黑穗病;叶部病害有细菌性叶斑病,包括条纹病、条斑病、斑点病;真菌性叶斑病,包括炭疽病、大斑病、紫斑病和煤纹病;病毒引起的玉米矮花叶病;茎部病害有纹枯病。

一、种子和幼苗病害

1. 病症和病原菌

许多真菌能侵染糯高粱种子,并危害胚和胚乳。尤其在多湿和冷凉的条件下,粉质的胚乳种子更容易受到真菌的危害,造成"粉种",种皮的任何一点轻微受伤都为病菌提供了侵染点。

镰刀菌在糯高粱种子上发生侵染是很普遍的,尤其是串珠镰刀菌、水稻恶苗病菌是造成腐烂和幼苗疫病的主要原因。腐霉菌能侵染地下的幼芽,使幼芽烂掉。禾根腐霉菌是腐霉菌中最有害的。草酸青霉菌也能侵染种子和幼苗,并使幼苗死掉。蠕孢菌同样能够侵染种子和幼苗,受玉米蠕孢菌、玉米大斑病菌侵染的糯高粱幼苗,感病部位出现病灶中心,由此病害向株扩展。

2. 防治方法

药剂拌种是防治种子和幼苗腐烂病的有效方法。用福美双拌种既无毒性,又非常有效。使用比例以 1∶400 为好。用汞制剂,如赛力散或氰化甲汞 GN 拌种也有良好的防治效果,但有一定的毒性,因此使用时要用较低的拌种比例,(1∶800)~(1∶1200)为宜。

二、叶部病害

(一)细菌性叶斑病

细菌性叶斑病有条纹病、条斑病和斑点病。

1. 病症和病原菌

(1)条纹病。条纹病主要发生在我国的吉林、辽宁、河北、山东、山西、河南、江苏、广西、台湾等省(自治区)。

病症:条纹病主要发生在糯高粱叶片和叶鞘上、病斑着生于叶脉间,沿叶脉上下延伸成不规则条纹。无水渍状,常为红色、紫色或棕色。条纹先出现在下部叶片上,以后逐渐向上部叶片蔓延。条纹的长度为 0.7~27.0 厘米,最长可达 40 厘米,宽 1~2 毫米。但几个病斑可以连接在一起,占据大部分叶面。条纹上常产生大量的细菌黏液或溢泌物。特别是在叶片背面,黏液干涸后形成小小硬痂或鳞片,很易被雨水冲刷掉。

病原菌:条纹病菌属直细菌纲假单胞菌科高粱假单胞菌。革兰阴性反应,不抗酸,属好气性。生长最适温度 22~30℃,最高温度 37~38℃,最低温度 5~6℃,致死温度 48℃。

(2)条斑病。条斑病主要发生在我国吉林、辽宁、河北、河南、山东、江苏、湖北等省。

病症:侵染初期病症是狭窄的水渍状半透明条状斑,宽 2~3 毫米,长 20~150 毫米。条斑病从幼苗期至近成熟期均能发生。开始时幼小条斑上有淡黄色珠子样的点状溢泌物,以后条斑内出现红褐色窄边或色斑。数日后条斑全部变成红色,无水渍或半透明状。部分条斑可能扩大长成椭圆形斑点,有褐色中心和红色窄边。病斑数目增多时,可连合形成不规则的长条斑,部分组织坏死。

病原菌:条斑病属真细菌纲假单胞菌科高粱黄色单胞菌。病菌短杆状,单个,或呈双或短链状,有隔膜,无孢子,具 1~2 条偏端鞭毛。革兰阴性,无抗植性;好气性。最适温度 28~30℃,最高温度 35~37℃,最低温度 4℃,致死温度 51℃。

(3) 斑点病。斑点病主要发生在我国吉林、辽宁、湖南、云南等省。

病症:斑点病先发生在下部叶片,后逐渐浸染上部叶片。叶片上病症初呈暗绿色,水渍状,病斑圆形或不规则椭圆形,直径 2~10 毫米,后中央色变淡,边缘红色,透光时可见黄色晕环。病斑干燥后呈羊皮纸样,严重发生时可使叶片部分或全部枯死。

病原菌:斑点病菌属真细菌纲假单胞菌种蜀黍假单胞菌。病菌短杆状,单个,成对或呈短链状。有荚膜,无孢子,有 1~4 根端生鞭毛。革兰阴性,好气性。最适温度 25~30℃,最高温度 35℃,最低温度 0℃,致死温度 49℃。

2. 防治方法

在温暖潮湿的糯高粱产区,高粱细菌性叶斑病易发生危害。病原菌在种子上或土壤里感病植株残体上越冬,或在越冬寄主上越冬。第二年糯高粱幼苗长出后,借风、雨、昆虫等传播到下部叶片上,然后再侵染其他叶片或植株。因此,处理前茬病残茎叶和寄主植物可以有效消灭菌源。药剂拌种有助于减少病害。选用抗病糯高粱品种和轮作换茬等农艺措施也是有效的防治技术。

(二) 真菌性叶斑病

高粱真菌性叶斑病主要有大斑病、炭疽病、煤纹病和紫斑病。

1. 病症和病原菌

(1) 大斑病。大斑病发生在我国黑龙江、吉林、辽宁、内蒙古、河北、河南、山东、山西、湖北、湖南、广东、广西、江苏、浙江、安徽、江西、福建、甘肃、新疆、四川、重庆、云南、贵州、台湾等省(自治区、直辖市)。

病症:大斑病危害糯高粱及高粱属内的一些种,如苏丹草、约翰逊草等。典型的病斑呈梭形,中心淡褐色至褐色,边缘紫色,早期常有不规则的轮纹,病斑颇大,通常有二面生黑、灰色霉层,是该菌的子实体。一般先从植株下部叶片发病,逐渐向上发展。在潮湿条件下,病斑快速发展,互相汇合,叶片枯死,严重时全株枯死。

病原菌:大斑病菌属半知菌类丛梗孢目暗梗孢科玉米大斑病菌。该菌具有无性和有性世代。菌丝生长的温度范围5~35℃,最适温度27~30℃,孢子形成的温度11~30℃,最适温度23~27℃。

(2)炭疽病。该病在我国大部分省(区、市)都有发生。

病症:从糯高粱苗期到成熟期均能发病。苗期危害造成死苗,以危害叶片导致叶枯影响最重。叶两面病斑呈梭形,中央红褐色,边缘紫红色,其上密生分生孢子盘,常发生于叶片的端部,严重时使叶片局部枯死。叶鞘上病斑较大,呈近椭圆形。种子可带菌,出苗后可使幼苗折倒死亡,有时还可使糯高粱茎秆腐烂。糯高粱抽穗后,叶片上的病菌还能迅速侵染幼嫩的穗颈,受害部位形成较大病斑,其上有小黑点,易造成被害穗颈风折。穗、枝梗、籽粒和颖壳受害后呈紫色,中央枯黄,密生小黑点,全穗枯黄,或干秕枯死。

病原菌:炭疽病菌属半知菌类黑盘孢子目黑盘孢科禾谷炭疽病菌。分生孢子盘散生或聚生,突出表皮,黑色,刚毛分散或行排列于分生孢子盘中,数量较多,暗褐色,顶端色泽较淡。

(3)煤纹病。煤纹病主要发生在我国东北、华北、华中和西南地区。

病症:危害糯高粱叶两面的病斑为梭形,或长椭圆形,中央淡黄色,边缘紫红色,有时周围有黄色晕环,上生大量黑色小粒,初期产生大量分生孢子,后期消失形成菌核,菌核用手可抹去大半,这些黑色的菌核涂到手指上像精细的黑色烟灰,严重发病时,病斑汇合成不规则形,或急剧发展成长条纹,使叶片早枯。

病原菌:高粱煤纹病菌属半知类丛梗孢目束梗孢科。分生孢子座自表皮下的子座发展而成,逐渐从气孔突出,分生孢子梗极多,无色,圆柱形。

(4)紫斑病。紫斑病在我国东北、华北、华东、华南和西南等地区发生。

病症:一般只发生在糯高粱生长后期的叶片和叶鞘上,多限于平行脉之间,叶片上病斑椭圆形至矩圆形,全部紫红色,无明显边缘,有时有淡紫色晕环。天气潮湿时,病斑背面有灰色霉状物,这是病菌的子实体,叶鞘上的病斑与叶片上的相同,但很少产生霉层。严重时病斑连成一片,当全叶得病时即枯死。

病原菌:高粱紫斑病菌属半知菌类丛梗孢目暗梗孢科。子实体生在叶背面,无子座或有球形,暗褐色。分生孢子倒棒形,少数呈圆柱形,无色透明,正直或微弯。

2. 防治方法

(1) 药剂防治。对真菌性叶斑病可采取药剂防治,药剂拌种和孕穗期叶面喷药。选用可湿性粉剂,如50%多菌灵或50%甲基硫菌灵,或50%福美双拌种,用量均为1千克药拌种100千克。用50%敌菌灵500倍液,或40%福美砷500倍液,或70%甲基硫菌灵,或50%硫菌灵或50%代森铵1000~2000倍液,或65%代森猛锌1000倍液,在高粱孕穗至抽穗前后间隔7~10天喷药1次,连续喷2~3次。

(2) 农艺防治。彻底清除田间病残植株,收割后及时耕翻,开春前处理掉带病秸秆,均能减少病源。实行轮作换茬可防止病原菌的积累,增施有机肥和磷、钾肥,中耕松土、及时排水可降低土壤湿度,从而增强植株的抗病力。选用抗(耐)病品种是防治叶斑病的根本措施。

(三) 其他叶部病害

糯高粱的其他叶部病害还有锈病、霜霉病及豹纹病等,其中豹纹病在国外高粱产区发生。

1. 病症和病原菌

(1) 高粱锈病。高粱锈病主要发生在我国广东、广西、台湾等省(自治区)。

病症:该病常在糯高粱生长后期的叶片上发生。病斑小,呈紫色、红色或棕褐色,病斑可能是散布的,或者连接成条状。

病原菌:紫色柄锈(高粱锈病菌)属担子菌纲锈菌目柄锈科。夏孢子堆生于叶片两面,多数叶背面。病斑长椭圆形,紫红色,散生或密植,常互相汇合,突破表皮后呈红褐色,粉状;夏孢子近球形,倒卵形,基部平截,黄褐色至暗栗褐色。

(2) 霜霉病。糯高粱霜霉病主要分布在我国河南等省。

病症:该病主要危害高粱,是系统侵染病害。病菌从幼苗的生长点侵入,随着叶片的伸展而表现各种症状。初期仅局部侵染,受害部位变成淡绿色或黄色,在叶背面产生的霉状子实体,初生为白色条纹,后常变成红色、紫色。

病原菌:蜀黍指霜霉病菌属藻状菌纲霜霉目霜霉科。菌丝体细胞间生,吸胞可伸入木质部的细胞,菌丝可潜伏在种子内部,成熟干种子里的菌丝体可随种子萌发进行系统侵染,因此由菌丝体传染病害是病菌传播的方式之一。

2. 防治方法

(1)糯高粱锈病。常在生育后期才发生,对产量损失较轻,选用抗病品种即可防治发生。

(2)糯高粱霜霉病。发生重,产量损失大,应重点加以防治。在做好轮作,深耕,适宜种植密度和适当早播等农艺措施的基础上,采取药剂防治。采用多毒霉素杀菌剂,每千克种子用0.1有效成分拌种,可有效地防治卵孢子和分生孢子的侵染,降低发病率。

三、根和茎秆病害

1. 病症和病原菌

(1)根部病害。根部病害主要是炭腐病。

炭腐病主要发生在我国吉林、辽宁等省。

病症:病原菌在菌核期通过根冠侵入根部,受害根起初常使根基部变成褐色,水渍状的病斑,以后变黑,内部组织崩溃,皮层腐烂,并延及侧根。病原菌进一步侵染植株下部的茎秆,通常在下数第二或第三节上;受害茎秆变软,可使籽粒过早成熟,以致粒小粒瘪,或者遇风时容易在近地表处折倒;如果剖开感病株的茎秆可以发现内部裂解,变色,只剩一些互相分离的维管束,以及黑色菌核覆盖其上,故名"炭腐病"。该病菌侵染幼苗时,自叶尖变黄枯死,勉强存活下来的病苗也常常长得矮小,拔起观察,根多坏死。在糯高粱籽粒灌浆期,如果遇上高温和干旱则诱发炭腐病。

病原菌:炭腐病菌属半知菌类球壳孢目球壳孢科。分生孢子器较少见,淡褐黑色,扁球形,稍凸出,无子座,孔口小而呈截形。

(2)茎部病害。茎部病害主要是纹枯病。

糯高粱纹枯病由两个菌丝融合群(AG-1-1A 和 AG-5)引起的。主要发生在我国黑龙江、吉林、辽宁、河北、山西等省。

病症：该类病菌能侵染叶片、叶鞘、茎秆和穗等部位。一般在糯高粱拔节后开始发病，以抽穗前后发病最为普遍。最初在接近地表的叶鞘上产生暗绿色水渍状边缘不清楚的小斑点，以后逐渐扩大成椭圆形云纹状病斑。中央绿色至灰褐色，边缘紫红色。高温低湿时，病斑中部草黄色或灰白色，边缘暗褐色。病斑多且大时，常连接形成不规则云纹状斑块，造成叶鞘发黄枯死。叶片上的病斑与叶鞘上的相似。病情扩展慢时，外缘退黄也成云纹状；扩展快时，呈墨绿色水渍状，叶片很快枯腐。茎秆受侵染后的初期症状与叶片相似，后期呈黄色，易折断，影响抽穗、灌浆。穗部受害后，初期呈墨绿色，后变成褐色。严重时枝梗下垂，穗子变松散，穗色灰暗，籽粒秕小，整个穗头明显收缩。

病原菌：糯高粱纹枯病菌属担子菌纲伞菌目革菌科。形成的菌核卵形、椭圆形，褐色，表面粗糙，无内外部的分化。水稻纹枯病菌属担子菌纲多孔菌目革菌科。病菌在条件适宜时，能长出白色或灰色蜘蛛网状菌丝体，无色，内含物颗粒状，有空胞，分枝与母枝成锐角，分枝处特别缢缩，离分枝点不远处有隔膜。

纹枯病菌主要以菌核在土壤中越冬，也能以菌丝和菌核在病株或田边杂草及其他寄主上越冬。土壤中的菌核至少能存活 1 年。越冬的菌核翌年在适宜的温度、湿度条件下萌芽长出菌丝，侵入高粱茎基部引起发病。以后在病斑处产生菌丝并生成菌核，菌核再传播到健株上，逐渐重复侵染造成严重危害。

2. 防治方法

（1）炭腐病防治。若不处在土壤高温和低水分条件下，能够被土壤中其他微生物群落所抑制，使其不能发展开来，因此防止土壤高温低湿的出现，是防治炭腐病的发生最可行有效的方法。

（2）防治纹枯病的农艺措施。秋收后及时深翻土壤，将散落在田间的菌核深埋，以减少翌年的菌源。清除田间病株杂草可降低病菌侵染源；与玉米、谷子以外的作物轮种，适期播种，增施基肥，不过多过晚偏施氮肥，均能有效地控制病害蔓延。也可用药剂防治，用纹枯灵 400～500 倍液，或 50% 多菌灵可湿性粉剂 1000 倍液，或 70% 甲基硫菌灵可湿性粉剂 1500 倍液喷洒 1～2次，对控制病害蔓延均有较好的防治效果。

四、穗部病害

黑穗病是糯高粱的主要病害,我国各糯高粱产区都有发生,以东北和华北地区危害最严重。已知危害糯高粱的黑穗病有丝黑穗病、散黑穗病、坚黑穗病、角黑穗病、花黑穗病等。

1. 病症和病原菌

(1) 丝黑穗病。丝黑穗病主要发生在我国黑龙江、吉林、辽宁、内蒙古、河北、河南、山东、山西、湖北、湖南、江苏、安徽、浙江、陕西、甘肃、新疆、四川、云南、贵州、台湾等省(自治区)。

病症:主要发生在糯高粱穗部,使整个穗变成黑粉,俗称"乌米"。生育前期叶片受丝黑穗菌严重侵染时,叶上生有大小不等的红菌瘤,瘤内充满黑粉。有时在植株的上部叶片发病,长出椭圆形明显隆起的灰色小瘤。受害的植株一般比较矮小,糯高粱的幼穗比正常穗细。病穗在未抽出旗叶前即膨大,幼嫩时为白色棒状,早期在旗叶鞘内仅露出穗的上半部。病菌孢子堆生在穗里,侵染全穗。起初里面是白色丝状物,外面包一层白色薄膜。成熟后,全穗变成一个大灰包,外膜破裂后,散出黑粉,仅存丝状的维管束,随着黑粉的脱落,留下像头发一样的一束束黑丝。有时也产生部分瘤状灰包,夹杂在橘红色不孕的小穗中。个别的主穗不孕,分枝产生病穗;或者主穗无病,分枝和侧生小穗为病穗。

病原菌:高粱丝黑穗病菌属担子菌纲黑粉菌目黑粉菌科。孢子堆生在花序中,侵染整个花序,全部变成黑粉体。早期厚坦孢子常 30 多枚聚在一起,呈圆球形或不规则状临时性孢子球,后期各自分离。厚坦孢子萌发最适温度是 28℃,土壤干燥(含水量 18%～20%),5cm 土层 15℃以下时对病菌侵染最有利。

(2) 散黑穗病。该病主要发生区域与丝黑穗病发生区域基本相同。

病症:受害植株较正常的抽穗早,较矮、较细,节间数减少,矮于健株 30～60 厘米。受害穗的穗轴和分枝均保持完整,但花器全部被害。少数感病植株有部分小穗仍能结实。受害籽粒的内外稃张开,变成黑红色焦枯状,颖壳也比正常的长。病穗上多数籽粒或全部籽粒感病,病穗一般不产生畸形。

病原菌:散黑穗病菌属担子菌纲黑粉菌目黑粉菌科。孢子堆生在子房里,有时也侵染花苞,卵圆形。散黑穗病菌在适宜条件下,厚坦孢子可借气流侵染花器,但病菌仅限于穗部,不形成系统侵染。如割掉病穗,继续生长的分蘗穗则是完好的健穗。

(3)坚黑穗病。该病主要发生在我国黑龙江、吉林、辽宁、内蒙古、河北、河南、山东、山西、甘肃、新疆、湖北、江苏、云南、四川等省(自治区)。

病症:黑穗病的病株不明显,比健株矮,通常全穗籽粒都变成卵圆形的灰色,外膜坚硬,不破裂或仅顶端破裂,内充满黑粉。子房被孢子堆占据。

病原菌:高粱坚黑穗病菌属担子菌纲黑粉菌目黑粉菌科。孢子堆侵染全部或部分子房,外面包有一层坚固的灰色菌丝组织薄膜。厚坦孢子一般在24℃以下能萌发,低温有利于发病,致死温度为55℃,时间为10分钟。

(4)侵染循环。3种黑穗病的侵染方式各不一样。丝黑穗病菌主要是土壤侵染,坚黑穗病菌主要是种子侵染,散黑穗病菌是两种途径兼而有之。3种黑穗病菌的侵染时期均是幼苗。越冬的病菌孢子,在适宜的温度、湿度条件下即能发芽,产生双核侵染丝侵入糯高粱幼苗。幼苗的芽鞘部位最易侵染;有时病菌也能侵入根毛,甚至生长到整个根部。

2. 防治方法

(1)药剂拌种。糯高粱种子经风选、去掉杂质后,可选用50%禾穗安,按种子重量的0.5%拌种;20%粉锈宁乳油100毫升,加少量水,拌种子100千克,拌均匀后摊开晾干后播种;50%萎锈灵,按种子重量的0.7%拌种,用20%萎锈灵乳油或可湿性粉剂0.5千克,加水3千克,拌种子40千克,闷种4小时,晾干后播种。

(2)轮作换茬。轮作换茬不仅有利于糯高粱的生长,也是防治黑穗病的有效措施。但必须进行3年以上的轮作才能有效。注意糯高粱应与玉米、谷子以外的作物轮作。

(3)适当晚播。播种早黑穗病发病率高,可根据品种生育期及土壤的温度、湿度情况,适当延后播种,指标是5厘米处地温稳定通过15℃时播种,可有效防除黑穗病的发生。

(4)拔除病株。拔除病株要掌握病穗或病粒的外膜没有破裂之前,越早越好,随时发现随拔除。连根拔起,拔除的病株立即深埋,绝不可以到处乱扔。

(5)选用抗病品种。选育和种植抗病品种是防治黑穗病最经济有效的方法。

第二节　糯高粱害虫防治技术

糯高粱害虫有近百种,在世界高粱主产区分布最广,危害最重的害虫有芒蝇、蛀茎禾螟、摇蚊、穗蟎、黏虫、蚜虫、玉米螟等。

危害糯高粱的害虫在我国有几十种。按危害部位可分为以下几种:①地下害虫,播种后种子和幼苗受害的有蝼蛄、蛴螬、地老虎等;②食叶害虫,有黏虫、蚜虫、高粱舟蛾、高粱长蝽、叶蟎等;③蛀茎害虫,有芒蝇、高粱条螟、玉米螟等;④食穗害虫,有摇蚊、棉铃虫、高粱穗隐斑螟、桃蛀螟;⑤食根害虫,有高粱根蚜等。各地的主要害虫因地而异,而高粱蚜、黏虫和玉米螟是我国糯高粱三大害虫、发生普遍、危害严重。

一、危害幼苗害虫

1. 蝼蛄

蝼蛄属有翅目蝼蛄科,可分为 3 种:①华北蝼蛄,分布在北纬 32°以北的我国河北、山东、山西、内蒙古、陕西、河南等省(自治区)。②非洲蝼蛄,主要分布区域在北纬 36°以南,华北、东北也有发生。③台湾蝼蛄,仅发生在台湾、广东、广西等地、危害不重。

(1)危害症状。蝼蛄主要在地下蛟食播种后或刚发芽的种子,也咬食幼根和嫩茎。在地表咬食时,常将幼苗接近地面的嫩茎咬断或咬成麻状,致使幼苗萎蔫死掉。蝼蛄还能在表土层穿行隧道,使幼根与土壤分离,失水干枯死亡。

(2)活动习性。蝼蛄的活动特点是昼伏夜出,晚 9 时至凌晨 3 时为活动取食高峰,具有趋光性,对香甜等物质特别嗜好,对煮至半熟的谷子、炒香的豆饼和麸皮等也较喜食。

（3）防治方法。

药剂拌种：用 50％对硫磷乳油，按药：水：种子为 1：60：（800～1000）的比例拌种；用 40％乐果乳油，按药：水：种子 1：40：600 的比例拌种。种子拌均匀后闷 3～4 小时，其间每隔 1 小时翻动一次，待药液吸收后将种子摊开晾干即可播种。

毒沙（土）、毒谷防治：每公顷用 7.5 千克的 40％乙基柳磷乳油兑水 22.5 千克，拌 600～750 千克细沙或细土，拌匀后撒入播种沟内即可。也可用 40％乐果乳油制成毒谷，先将谷或玉米面炒成半熟有香味，每公顷用 1.5 千克的 40％乐果乳油兑 15 千克水，与谷或玉米面拌匀后随播种撒到播种沟内。

2. 地老虎

地老虎属鳞翅目夜蛾科，现已发现有 10 余种。①小地老虎，分布在我国长江流域、东南沿海和西南各省（自治区）。②黄地老虎，分布在新疆、青海、甘肃，以及华北、东北地区的北部。

（1）危害症状。地老虎属杂食性，可吃食有 100 余种植物。初龄地老虎啃食糯高粱心叶或嫩叶，被啃食的叶片呈半透的白斑或小洞。典型的危害症状是幼虫切断土表上面或稍下面的植株，并将咬断的幼株拖进土穴中作为食料。糯高粱幼苗被咬断的部位因幼苗的高度和老嫩而异。如果苗小幼嫩，则靠地表咬断；苗大较老时，则在较上部咬断。

（2）活动习性。小地老虎成虫傍晚活动，白天栖息阴暗处，喜趋糖蜜。具有很强的迁飞能力。当日平均气温达 12.8℃、地温 15.3℃、相对湿度 90％时，成虫活动最盛；而当平均气温 9℃、地温 13.3℃、相对湿度 73％时，成虫几乎停止活动。一至二龄幼虫昼夜均可危害，三龄以后幼虫对光线有强烈反应，白天躲在 2～6 厘米土缝里，晚上出来危害。幼虫食量从五龄开始增加，六龄最大。在南方，幼虫越冬多居表土之下，天气温暖时常出来啃食；在北方则居 10 厘米以下的土层之中，越冬死亡率很高，一般 75％左右。

（3）防治方法。

药剂防治：可采用毒饵、杀虫剂喷雾。毒饵用硫丹、艾氏剂。幼苗喷药时，在幼虫三龄前，采用西维因、硫丹和 1.5％甲基对硫磷粉喷雾。

农艺防治：可在夏末秋初，或播种前 3～6 周把碎秸秆杂草翻到地下，消灭寄生植物。还可利用地老虎幼虫群居草堆取食的习性,于出苗前每隔 1.8～3.5 米堆放 15 厘米高、65 厘米长的显嫩草堆,每隔 3～5 天换草 1 次,诱杀幼虫,或将草堆拌药毒杀。

3. 蛴螬

蛴螬是金龟子的幼虫,属鞘翅目金龟子科。蛴螬遍布世界各地,有 40 余种,危害包括糯高粱在内的多种作物。我国糯高粱产区发生普遍,危害严重的有以下几种。①华北大黑金龟子,主要分布在华北和东北地区;②东北大黑金龟子,主要分布在东北地区。这两种金龟子原统称朝鲜黑金龟子。

(1)危害症状。蛴螬主要取食糯高粱地下萌发的种子嫩根、残留种皮、根颈等,特别喜食柔嫩多汁的根颈,致使幼苗枯萎死亡。也有从根颈中部或分蘖节处咬断,将种皮等地下部分吃光后再转害其他植株。当植株长到 10～15 厘米高时,幼苗开始死掉,严重地块 7～10 天内大量死苗。一头蛴螬能毁掉 5 米行长的全部植株。还有一种危害类型是越冬和当季蛴螬截根引起的,受害的植株尽管在受害后能够开花结实,但常因没有足够的根而造成倒伏。

(2)活动习性。华北大黑金龟子,完成一个世代约需 2 年。以成虫和幼虫交替越冬。越冬成虫 4 月上中旬开始出土活动,5 月下旬开始产卵,6 月下旬陆续孵化为幼虫危害期,11 月中旬开始越冬,第二年 4 月上旬幼虫又开始出土危害,至 6 月上旬化蛹,7 月下旬开始羽化为成虫,危害至 11 月越冬。

(3)防治方法。

药剂防治:可采取药剂拌种、颗粒剂、灌药等措施。用 50％氯丹乳剂 0.5 千克加水 10～15 千克拌种 150～250 千克;用七氯乳油 0.5 千克加水 30 千克拌种 500 千克。用 5％辛硫磷颗粒剂每公顷 30 千克,或者 75％辛硫磷 0.5 千克加水 30 千克拌炉渣 100 千克制成颗粒剂与种子混合播种。当糯高粱定苗后仍发生蛴螬危害时,可用 75％辛硫磷或 25％乙酰甲氨磷配成 1000 倍液灌根。

农艺防治:可采取早播种或晚播种,或与非禾谷类作物轮作,以避开蛴螬的危害。及时秋翻地,水旱田轮作,分期定苗,适当晚定苗,或利用灯光诱杀成虫等。

二、食叶害虫

1. 高粱舟蛾

高粱舟蛾属鳞翅目舟蛾科。主要发生在我国辽宁、河北、山东、湖北、浙江、云南、台湾等省。

（1）危害症状。高粱舟蛾以幼虫危害糯高粱。幼虫咬食糯高粱叶片，使叶片残缺破碎，仅剩中脉，甚至吃光，严重影响生长发育和产量。

（2）活动习性。高粱舟蛾在华北一年发生一代，以蛹态在土壤中 6～10 厘米处越冬。翌年 6 月下旬羽化，7 月上、中旬成虫盛发期，交尾后在糯高粱叶背面产卵，单粒散产，也有几粒成堆产下，卵期 5～6 天。幼虫孵化后取食糯高粱叶片。低龄幼虫食量不大，不易发现；长大后食量大增，幼虫危害期约 1 个月，8 月初至 9 月初幼虫陆续老熟钻入土中作土室潜伏，经 6 天后化蛹越冬。成虫昼伏夜出，有趋光性。幼虫喜潮湿阴暗，常躲在叶背。7 月间如果阴雨连绵，气候凉爽，易造成大发生。

（3）防治方法。

药剂防治：可采用 50％辛硫磷乳油 2000 倍液，每公顷喷药液 600 千克；或用 50％马拉硫磷 1000 倍液，每公顷喷药液 1125 千克；或用 20％速灭杀丁乳油 3500 倍液喷雾。

农艺防治：可根据成虫有趋光性的习性，利用灯光诱杀成虫。

2. 高粱蚜虫

高粱蚜虫又名蔗蚜，属同翅目蚜虫科。高粱蚜虫在亚洲、非洲和美洲的许多地区都有分布。在我国高粱产区也均有分布，其中辽宁、吉林、内蒙古、山东、河北危害严重。高粱蚜虫是高粱产区危害威胁较大的害虫。

（1）危害症状。高粱蚜虫的寄主有栽培植物高粱、甘蔗，野生植物有荻草等。与其他蚜虫比较，高粱蚜虫更喜吮食老一点叶片，通常先危害下部叶片，以后逐渐蔓延到茎和上部叶片。成虫和若虫用针状口管刺入叶片组织内吸吮汁液，并排泄含糖量较高的蜜露。这些蜜露布满叶背和茎秆周围，在阳光下现出油亮的光泽。蜜露玷污叶片造成霉菌腐生，影响光合作用的正常进行，使植株矮化。蚜虫危害还能造成糯高粱茎叶变红甚至枯萎，严重时茎秆弯曲变脆,不能抽穗,或抽穗不能开花结实,最后导致植株死亡。

（2）活动习性。高粱蚜虫的形态可分为干母、无翅胎生雌蚜、有翅胎生雌蚜、性雄蚜、性雌蚜和卵六种。①干母：是4—5月由越冬卵孵化成虫的蚜虫,一生都寄生在荻草上。②无翅胎生雌蚜：是由干母孤雌生殖产生的。③有翅胎生雌蚜：也是由干母孤雌生殖产生的。④性雄蚜、性雌蚜：都是晚秋9月间有翅蚜迁飞到荻草上产生的能交尾的性蚜。

高粱蚜虫繁殖力是惊人的,在15.5℃时13天或24℃时6天即可繁殖一代。有翅蚜的飞迁可分为3个时期,第一个迁飞期是在6月上旬到7月中旬,部分有翅蚜离开越冬寄主迁至田间危害糯高粱。第二个迁飞期是从7月中旬延续到9月达2个多月。蚜虫只从下部叶片向中、上部叶片或糯高粱株间、田间迁飞,均不离开糯高粱。第三个迁飞期是高粱蚜虫的越冬准备期,晚秋9月间,糯高粱成熟后,田间有翅蚜多飞回荻草上产生性蚜。

（4）防治方法。

药剂防治：①种子包衣。播种前可选用德国进口的60%高巧悬浮种衣剂,每千克种子使用2～3克包衣种子,对整个糯高粱生产周期预防蚜虫的发生和危害具有较好的效果。②植株喷药。当有蚜株率达30%～40%,出现"起油株",或百株虫量达2万头时即需防治。用50%杀螟松乳油1000～2000倍液,或40%乐果乳油2000倍液,或2.5%溴氰菊酯,或20%杀灭菊酯5000倍液喷雾;也可用40%乐果乳油5～10倍液超低容量喷雾。

农艺防治：在秋季有翅蚜迁回荻草前后,性蚜尚未成熟产卵之前,靠近地表收割荻草沤肥或作燃料,致使蚜虫失去产卵越冬场所。还可利用瓢虫类、草蛉类、寄生蜂类、食蚜蝇类和蜘蛛等天敌大量捕食高粱蚜。

三、食茎害虫

1. 高粱芒蝇

高粱芒蝇属双翅目蝇科。在我国南方的四川、湖北、云南、贵州、广西和广东等省（自治区）,是重要害虫。

（1）危害症状。成虫在糯高粱叶背面产卵,卵孵化后,幼虫钻入糯高粱心里,一般仅寄生1头。多在糯高粱3～8片叶时危害,以4～6叶期危害最重,9叶以后至旗叶抽出也可陆续危害。幼虫在心叶基部环状咬断生长点,受害后枯萎造成死心,使主茎停止生长,形成枯心苗。直到幼穗长到7.5厘米时,幼虫还可蛀食。糯高粱苗期受害可以造成缺苗断垄,甚至毁种,生育后期危害使幼穗腐烂不能抽穗,大量减产。

（2）活动习性。高粱芒蝇在西南地区,一年发生5～6代,在广东一年11～12代,田间世代重叠。成虫一般在上午羽化,羽化后出土约15分钟展翅,1小时后可飞翔。飞翔力较强,以晴天最为活跃。成虫喜香甜味物品,如高粱蚜的分泌物、食糖、密露、腐败物等。幼虫在早晨孵化最多,借助叶片上的露水,很易爬行,从喇叭口或叶缝处侵入,兼营腐生生活。幼虫从孵化侵入植株至枯心出现,一般约需1天,少则半天,最多2～3天。

（3）防治方法。可采取农艺防治、物理防治、药剂防治等。药剂防治在幼虫侵入植株前施药。在幼虫盛孵期,用2.5%溴氰菊酯乳油,或20%氰戊菊酯乳油,或10%氯氰菊酯乳油喷雾。

2. 高粱条螟

高粱条螟属鳞翅目螟蛾科。在我国主要分布于东北、华北、华东、华南等地区。

（1）危害症状。高粱条螟主要以幼虫蛀食糯高粱茎秆危害。初孵化幼虫潜入心叶取食,仅剩表皮,呈薄纸状,龄期增加则咬成不规则小孔或蛀入茎内取食危害,有的咬伤生长点,使糯高粱产生枯心状,受害茎秆易折。糯高粱进入孕穗期,幼虫取食穗节。受害植株营养及水分输导受阻,长势衰弱,茎秆易折,穗发育不良,籽粒干瘪,青枯早衰,遇风倒伏则损失更大。此外,高粱条螟危害常引发糯高粱穗腐病、粒腐病,加大产量损失和使籽粒品质下降。

（2）活动习性。高粱条螟在辽宁、山东、河北、河南和江苏北部一年发生2代,江西一年发生4代,广东一年发生4～5代,均以老熟幼虫在茎秆或叶鞘中越冬。高粱条螟的初孵幼虫灵敏活泼,爬行快速,先吃掉卵壳,然后大多数顺叶爬至叶腋再群集叶部取食。一龄幼虫集中在叶腋间和叶鞘内取食,只有少数吐丝下垂落到其他叶上再爬入心叶里。一龄幼虫在心叶里活动10天左右,二龄幼虫开始注茎,啃食生长点造成枯心。在一个节间里常有几个虫子危害。三至四龄后分散,幼虫期30～50天,共蜕皮5～6次,少数蜕到8

次。龄期五至九龄不等,一般六至七龄。老熟幼虫在茎内化蛹,蛹期 7～15
天。成虫羽化后 2～3 天交尾产卵,卵多产在心叶背面的基部和中部,也有
产在叶片正面和茎秆上。成虫白天躲在叶下面,晚上交尾活动,有趋光性,
飞翔力不强,交尾和产卵前期共 1～4 天。每只雌蛾产卵 200～250 粒,卵
期 5～13 天。

（3）防治方法。

生物防治:可采用天敌赤眼蜂,在产卵盛期释放 2～3 次,每公顷释放
15 万～30 万头。

药剂防治:可用 50％对硫磷乳油 500 毫升加适量水,与过筛(20～60 目)
的细土或煤渣 25 千克,拌和均匀,或用 25％甲萘威(西维因)可湿性粉剂配
成颗粒剂,丢入糯高粱植株心叶内。

四、食穗害虫

1. 高粱穗隐斑螟

高粱穗隐斑螟属鳞翅目斑螟科。我国主要分布在山东、河南、江苏、广东
等地,是黄淮海平原春夏播高粱区主要害虫之一。

（1）危害症状。高粱穗隐斑螟从糯高粱抽穗开花至成熟前,甚至在收获
后的堆垛中都能危害。幼虫危害是在穗内吐丝结网,啃食幼穗及籽粒。由于
糯高粱穗内层被虫巢包裹着,影响了籽粒的发育,降低产量和品质。一般危
害时,每穗有幼虫 3～5 条,严重时可达数 10 条,个别穗子甚至有上百条,常
把穗粒吃光,造成严重减产。

（2）活动习性。高粱穗隐螟在山东省和江苏省北部一年可发生 3 代。
以老熟幼虫在糯高粱穗里或穗颈叶鞘里作茧越冬。在江苏北部于 6 月底至
7 月初羽化为成虫,在春播糯高粱穗上产卵,7 月中旬是第一代幼虫危害盛
期,7 月下旬幼虫老熟后,在穗内结茧化蛹,7～8 天后羽化为成虫,8 月初为
羽化盛期。第二代幼虫于 8 月上、中旬在晚春播高粱和早播夏糯高粱上危
害,8 月下旬是危害盛期。9 月上、中旬以第三代幼虫危害晚熟高粱。

（3）防治方法。药剂防治于开花期至乳熟期,用 50％杀螟威 1000～2000
倍液,或 50％马拉松 1000 倍液喷穗 1～2 次。农艺措施可选用散穗型品种,

根据物候期适当调整播期,错开幼虫盛发期;用脱粒机脱粒,可以打死穗里的部分幼虫,以减少虫源。

2. 桃蛀螟

桃蛀螟又称桃蛀野螟、桃斑螟、豹纹斑螟、豹纹蛾,俗称蛀心虫,属鳞翅目螟蛾科。桃蛀螟主要分布在我国吉林、黑龙江、辽宁、河北、山东、陕西、江苏、浙江、河南、江西、湖北、湖南、四川、台湾等省。

(1)危害症状。桃蛀螟产卵盛期在糯高粱开花散粉期,幼虫在糯高粱灌浆期危害较重。初孵化幼虫取食小花、小穗,当籽粒形成后,很快开始蛀食幼嫩籽粒,吃空一粒再吃一粒。三龄幼虫常吐丝结网,啃食籽粒或蛀入穗柄、中部茎秆等。严重发生时可将整穗籽粒蛀食一空。幼虫在穗上危害至收获,如不及时收获,将造成更大减产。籽粒受害,不仅造成产量损失,而且还加重高粱穗腐病发生,相应增加了真菌素在糯高粱籽粒中的积累,导致糯高粱品质下降。

(2)活动习性。桃蛀螟是一种食性极杂的害虫。在辽宁一年发生2代,在河南一年发生4代。第一代幼虫在桃树上危害,第二、三代幼虫在桃树和高粱上均能危害,第四代幼虫仅在高粱上危害。以末代老熟幼虫在高粱、玉米残株及向日葵花盘或仓储库缝隙中越冬。成虫趋化性较强,喜食花蜜,对黑光灯有一定趋性,白天隐蔽于穗子深处,傍晚开始活动。羽化后的成虫必需取食营养方能交尾产卵。晚8时半至10时活动最盛。卵多产在开花的穗上,落花后很少产卵。卵为单粒产,一个穗上可产卵3~5粒,一只雌蛾一般产卵20~30粒,最多能产169粒。老熟幼虫化蛹在穗里、叶腋、枯叶等处。越冬幼虫以留种穗里最多,其次在贮粮库墙缝或天花板等处。茎秆里也有少数越冬幼虫。

桃蛀螟喜高湿条件,多雨年份发生较重;紧穗品种比散穗品种发生重;晚春播及夏播高粱危害重。

(3)防治方法。可采取农艺、生物、物理、性诱及药剂综合防治措施。药剂防治要在糯高粱抽穗始期,当虫(卵)株率达20%以上或百穗有虫30头以上时防治。采用50%磷胺乳油1000倍液,或40%乐果乳油1200倍液,或2.5%溴氰菊酯乳油3000倍液喷雾,每公顷喷药液1125千克;或用苏云金杆菌 70～150 倍液,或青虫菌 100～200 倍液喷雾,均有较好防治效果。

第三节　糯高粱田杂草防治技术

一、糯高粱田杂草种类与分布

（一）杂草种类

糯高粱田杂草相对比较复杂,单、双子叶杂草混生,禾本科杂草主要有马塘、旱稗、狗尾草、牛筋草、画眉草、虎尾草、芦苇、白茅、碱茅、看麦娘等一年生及多年生杂草。

阔叶杂草主要有反枝苋、藜、小藜、凹头苋、马齿苋、铁苋菜、鳢肠、苘麻、灰绿藜、碱蓬、地肤、白蒿、黄花蒿、酸模叶蓼、猪毛菜、打碗花、田旋花、苣荬菜、刺儿菜等。

莎草科杂草有莎草、香附子等。

（二）杂草分布

糯高粱在全国各地均有种植,但地理环境不同,田间杂草种类和分布各不相同。

1. 北方春播糯高粱区田间杂草

该区包括黑龙江、吉林、辽宁、内蒙古、山西、甘肃、陕西、新疆等。糯高粱田主要杂草有马塘、稗草、狗尾草、龙葵、铁苋菜、藜、田旋花、刺儿菜、冬寒草、狗尾草、灰绿藜、芦苇、苣荬菜、凹头苋等。

2. 黄淮海春夏兼播区

该区包括山东、河南、江苏和安徽省北部、河北中南部等。糯高粱田主要杂草有马塘、马齿苋、牛筋草、田旋花、黎、狗尾草、反枝苋、苘麻、香附子等。

3. 南方糯高粱春夏兼播区

该区包括长江流域及以南地区。糯高粱田杂草主要有马塘、牛筋草、稗草、千金子、牛繁缕、婆婆纳、马齿苋、碎米莎草、粟米草、空心莲子草、野花生、胜红蓟、辣子草、芥菜、荠菜、风轮菜、凹头苋、蓼等。

二、糯高粱田杂草生物学特性与发生规律

(一) 杂草的生物学特性

糯高粱田杂草大多数是通过种子进行繁殖的,有少部分杂草是通过营养器官繁殖,尤其是多年生杂草,具有发达的根茎,且有很强的再生能力。

1. 种子数量多

1 株杂草产籽少则数百粒,多则数万粒,如 1 株稗草可产种子 1 万粒左右;1 株马齿苋可产种子上 10 万粒。

2. 生活力很强

杂草生长耐贫瘠、耐干旱及其他不良环境。尤其是一年生杂草,遇到不良条件,可提前开花结实,迅速完成生活史。苦菜、小蓟等有强大的根系,可深入土壤 1 米以下;香附子 1 年内地上部分单株所占面积可增至 10 平方米。

3. 种子寿命长

杂草种子寿命一般为 2~3 年,有的达数 10 年。如龙葵种子寿命长达 20 年;车前草、马齿苋种子几十年后还能发芽。

4. 传播途径广

杂草种子可借助风、水和动物活动进行传播,尤其是鸟类传播距离更远。

(二) 杂草的发生规律

1. 杂草发生条件

糯高粱田杂草的发生与危害受耕作制度、杂草基数及气候条件的影响大,在适宜的温度、湿度及光照等条件下,杂草发芽多,出土快,危害重。

2. 杂草发生规律

糯高粱是高秆的中耕作物,行株距比较大,从出苗到封垄之前对地面覆盖率很小,因而杂草不断发生。有 4 个高峰期。

(1)2 月下旬至 3 月下旬。荠菜、附地菜、蒲公英、大蓟、问荆、刺儿菜、蒿等一些越年生和多年生杂草陆续出土,但密度不大。

（2）3月下旬至5月上旬。一年生早春杂草，如藜、卷茎蓼、荇草、萹蓄、尼泊尔蓼和多年生的田旋花、苣荬菜等大量出土。

（3）5月中旬至6月中旬。一年生晚春杂草，如马塘、牛筋草、狗尾草、稗草、异型莎草、马齿苋等萌发出土，此时高粱田杂草发生量达最高峰，其中单子叶杂草占杂草总发生量的75%～90%，阔叶杂草占10%～25%。

（4）6月下旬至7月上旬。伏雨来临，部分晚春杂草和一些喜温杂草，如马塘、铁苋菜、香薷、猪毛菜、苍耳等仍不断出苗，一场雨过后，大草猛长，小草丛生，是危害糯高粱的主要时期。待高粱苗植株已全部将地面覆盖，田间杂草基本上不再萌发出土。

三、糯高粱田杂草防除

（一）防除适期

糯高粱苗期受杂草危害最严重，糯高粱中后期形成高大密闭的群体，杂草的发生与生长受到抑制，对产量的影响不大。所以，糯高粱田杂草的防除，应抓好播后苗前和苗后早期两个关键时期，及时进行人工除草和化学防除。

（二）防治技术

糯高粱田杂草防除有传统的农业防除措施和化学除草两种，农业防除是合理轮作换茬、冬春深耕埋压、消灭杂草种子、田间中耕灭草等；化学除草是在田间喷施除草剂，具有节省劳动力、争取农时、防除高效等特点。下面着重介绍糯高粱田杂草化学除草。

1. 除草剂应用方法

通常使用除草剂，有土壤处理和杂草茎叶喷药两种方法。

（1）土壤处理。是将除草剂兑适量的水，在施药器械中搅匀，喷洒到土壤表面，在土壤表层形成药膜，杀死出土的杂草幼苗，也叫封闭除草。

（2）茎叶处理。是针对杂草类型，使用选择性除草剂，可喷施在杂草苗和糯高粱苗上；使用非选择性除草剂，只能直接喷在杂草苗上，而不能喷到糯高粱苗上。喷药要求雾滴细密均匀，单位面积用药量准确，要选择天气晴朗，无大风，气温较高时进行，避免重喷和漏喷。

2. 除草剂的种类

由于糯高粱种植面积相对比较少,糯高粱种子小、芽鞘单薄,特别有些杂交糯高粱品种,芽鞘缩短,顶土能力差,在萌芽期表现抗药性弱,不易选出十分安全的除草剂。

目前国内农药生产企业,在高粱田除草剂登记上面很少。适宜糯高粱田使用的除草剂有:苗前封闭除草剂,可选用异丙甲草胺和莠去津,防治一年生单、双子叶杂草;苗后除草剂喹草酮、莠去津、氯氟吡氧乙酸、二氯喹啉酸和莠去津复配剂等。

3. 除草剂的用量

(1)异甲·莠去津。剂型有28％、45％、40％、42％、50％的悬浮剂,可选用42％悬浮剂200～240毫升/亩,兑水30～40毫升进行土壤喷雾。

(2)喹草酮。10％喹草酮悬浮剂,每亩用60～100毫升,兑水40～50千克,苗前均匀喷洒地表。

(3)莠去津＋二氯喹啉酸。土壤处理和苗后茎叶处理,连封带杀。选用38％莠去津250～300毫升,二氯喹啉酸(剂型有25％、50％、75％可湿性粉剂,50％可溶性粉剂,50％水分散性粒剂,25％、30％悬浮剂,25％泡腾粉剂)有效成分15～30克,兑水30～50千克均匀喷施。

(4)莠去津＋氯氟吡氧乙酸。阔叶杂草比较重的地块,每亩可选用38％莠去津悬浮剂250～300毫克＋20％氯氟吡氧乙酸50～60毫升兑水30～50千克喷施。

(三)施药原则

1. 因土壤施药

在土壤有机质含量比较丰富的地区,土壤处理除草剂的用量比其他地区高一些,其施用剂量选用上限。

2. 因湿度施药

气候干燥、少雨,不利于土壤处理除草剂活性的发挥,应在雨后天晴用药效果好,或用药前适当沟灌,于土壤潮湿时用药,或加大兑水量用药。

3. 因后茬施药

使用莠去津等药剂在土壤中持效期长,为3～6个月,会对后茬作物不利,特别后茬作物是大豆和十字花科作物不能使用。

4. 定剂量施药

施药时一定要认真阅读包装说明,使用药剂量要准确,以免发生药害或降低药效,喷药结束后,要及时把使用过的药械清洗干净,避免在其他作物上使用药械时造成药害。

第八章　糯高粱品质及检测

本章着重介绍糯高粱营养品质、糯高粱品质检测方法与结果。

第一节　糯高粱营养品质

糯高粱的营养价值是相当高的,其主要成分包括碳水化合物、蛋白质、脂肪、维生素,还有矿物质、磷脂类和植物酶类。

一、蛋白质和氨基酸

(一)蛋白质

据研究,糯高粱籽粒蛋白质含量的变幅为 4.4%～21.1%,平均为 11.4%。蛋白质的含量,受糯高粱品种基因型、环境条件和氮肥施用量的影响,蛋白质的品质取决于氨基酸的组成和各种蛋白质的比例。籽粒中白蛋白、球蛋白和谷蛋白是最好的蛋白质营养源。

糯高粱籽粒蛋白质一般含量 9%～11%,其中赖氨酸约 0.28%,蛋氨酸 0.11%,胱氨酸 0.18%,色氨酸 0.10%,精氨酸 0.37%,组氨酸 0.24%,亮氨酸 1.42%,异亮氨酸 0.56%,苏氨酸 0.30%,苯丙氨酸 0.48%,缬氨酸 0.58%。糯高粱秆及糯高粱壳的蛋白质含量较少,分别为 3.2% 和 2.2% 左右。

(二)氨基酸

氨基酸是蛋白质的组成成分。氨基酸组成的变异是氮含量的函数。研究表明,糯高粱籽粒蛋白质含量高的品种,其白蛋白和球蛋白含量也高,赖氨酸含量也就高。

二、碳水化合物

糯高粱碳水化合物的含量可以达到 75%。糯高粱植株体内的碳水化合物有两种主要存在形式：一种是非结构的形式，糖和淀粉等；另一种是结构的存在形式，如纤维素和木质素等。不同糯高粱基因型的碳水化合物的含量是不一样的，而且其含量在不同生育时期也是不一样的。

淀粉是碳水化合物的一种多糖存在形式。淀粉是糯高粱籽粒的主要成分，一般含量在 50%～70%，高者可达 70% 以上。

（一）品种间直链与支链淀粉含量

糯高粱籽粒中的淀粉分为直链淀粉和支链淀粉两种类型（图 8-1），其含量因品种而异。据糯高粱品种检测，普通高粱籽粒平均总淀粉含量为57.59%，幅度 51.28%～67.58%。其中，直链淀粉平均含量为 28.38%，占总淀粉含量的 49.3%，幅度分别为 1.53%～40.09% 和 2.7%～66.2%；支链淀粉含量为 29.21%，占总淀粉含量的 50.7%，幅度分别为 19.27%～54.16% 和 33.8%～97.3%。仁怀糯高粱的总淀粉含量为 55.69%，其中支链淀粉含量为 54.16%，支链淀粉含量占总淀粉含量的 97.3%，而直链淀粉仅占 2.7%。湖北省产品质量监督检验研究院鄂州分院，2023 年在湖北省神农架林区和恩施、兴山、竹山和枝江等县（市）取糯高粱籽粒样品检验结果，淀粉含量在62%～70%，平均值 65% 左右，其中支链淀粉占总淀粉含量比率 96% 以上，高的达 100%。

直链淀粉　　　　　支链淀粉

图 8-1　直链淀粉和支链淀粉示意图

曾庆曦等（1996）以北方白粒、红粒粳高粱、红糯和半粳糯高粱及四川的黄褐红粳、糯、半粳糯高粱为试材，研究了籽粒的淀粉含量及组分发现，我国北方 27 个红粒粳高粱籽粒总淀粉平均含量为 63.18%，变幅为 53.45%～

70.39%,含量在60%～66%的占81.5%;50个白粒粳高粱总淀粉平均含量为62.8%,变幅54.51%～69.19%,其中含量在59%～65%的占48%,小于59%的占20%,大于65%的占32%;10个红粒糯高粱总淀粉平均含量62.44%,变幅59.34%～65.16%(表8-1)。结果表明,北方白粒粳高粱总淀粉含量的变异性大于其他类型高粱。

表8-1　不同类型高粱籽粒淀粉及其组分含量

地区		北方				四川		
籽粒粳糯		粳	粳	糯	半粳糯	粳	糯	半粳糯
粒色		红	白	红	红	黄褐红	黄褐红	黄褐红
品种数		27	50	10	7	38	134	13
总淀粉 (%)	均值	63.18	62.80	62.44	62.27	61.50	62.64	62.06
	变幅	53.45～70.39	54.51～69.19	59.34～65.16	59.97～64.31	55.31～64.87	58.11～66.57	60.02～63.59
直链淀粉 (%)	均值	24.21	28.52	8.01	18.05	20.95	5.58	11.98
	变幅	15.90～34.58	18.70～35.28	7.67～8.42	14.27～20.91	15.16～24.68	1.14～9.84	10.20～14.66
支链淀粉 (%)	均值	75.79	71.48	91.99	81.95	79.05	94.42	88.02
	变幅	65.42～84.10	64.72～81.30	91.58～92.33	79.09～85.73	75.32～84.84	90.16～98.86	85.34～89.80

资料来源:卢庆善,邹剑秋.高粱学[M].2版.北京:中国农业出版社,2023.

四川185个各类型高粱总淀粉平均含量为61.99%,变幅为55.31%～66.57%,与北方的相近。其中含量59%～64%的占82.2%。38个粳高粱总淀粉平均含量61.5%,变幅55.31%～64.87%;134个糯高粱总淀粉平均含量62.64%,变幅在58.11%～66.57%,其中含量在59%～65%的占94.1%,低于59%的占2.2%,高于65%的占3.7%;13个半粳半糯高粱总淀粉平均含量62.06%,变幅60.02%～63.59%。

总淀粉含量统计分析表明,7个高粱类型品种间含量差异不显著,说明北方高粱与四川高粱不论是粳性与糯性,也不论是红粒、褐粒还是白粒,其总淀粉含量比较接近,无显著差异。但是,淀粉组分中的直链淀粉与支链淀粉的比率却有明显的差异。北方红粒粳高粱直链淀粉平均含量占总淀粉的24.2%,变幅为15.9%~34.6%,其中含量为20%~30%的占88.9%;支链淀粉平均含量为75.8%,变幅65.4%~84.1%。红粒糯高粱直链淀粉平均含量仅8%,支链淀粉为92%。白粒粳高粱直链淀粉平均含量28.5%,变幅18.7%~35.3%,其中含量20%~30%的占72%,大于30%的占26%,支链淀粉平均含量71.5%,变幅64.7%~81.3%。

四川粳高粱品种直链淀粉平均含量21%,比北方粳高粱低5个百分点;支链淀粉平均含量79%,比北方粳高粱高约5个百分点。糯高粱直链淀粉为5.6%,而支链淀粉含量为94.4%。半粳半糯品种直链淀粉平均含量12%,支链淀粉平均含量88%。上述结果表明,四川糯高粱、粳高粱和半粳半糯高粱的支链淀粉占总淀粉的比率均比同类型的北方高粱高。

(二)不同生育期籽粒淀粉积累变化

据宋高友等(1988)研究,高粱颖果发育中淀粉积累的变化(表8-2)。结

表8-2　高粱颖果发育进程中淀粉积累的变化

单位:%

品种	淀粉	灌浆期	乳熟期	蜡熟期	完熟期
原杂10号	总淀粉	45.34	51.05	54.53	55.78
	直链淀粉	9.55	9.36	16.77	13.99
	支链淀粉	36.02	41.69	37.76	41.79
忻粱7号	总淀粉	47.34	51.94	53.28	53.74
	直链淀粉	9.55	17.00	18.86	19.55
	支链淀粉	37.82	33.98	34.92	34.19
原新1号A	总淀粉	46.58	49.61	50.34	53.17
	直链淀粉	11.16	13.07	18.41	19.62
	支链淀粉	35.42	36.58	31.93	33.55
原新1号B	总淀粉	52.02	53.15	54.78	55.98
	直链淀粉	12.93	15.32	18.49	18.62
	支链淀粉	39.09	37.83	36.29	37.36
P721	总淀粉	45.62	40.07	52.61	50.70
	直链淀粉	11.39	12.27	14.17	17.46
	支链淀粉	34.23	27.80	38.44	23.24

资料来源:卢庆善,邹剑秋.高粱学[M].2版.北京:中国农业出版社,2023.

果表明,总淀粉和直链淀粉含量的积累情况基本上是一致的,即随着颖果成熟度的上升而提高,蜡熟至完熟期含量最高;支链淀粉的积累过程则不同,其含量是随着颖果成熟度的上升而有所下降,灌浆至乳熟期的含量高于蜡熟至完熟期。

三、单宁和酚类

(一)单宁和酚类的性质

高粱籽粒中含有单宁和酚类。单宁是分子量较高的多元酚类化合物,分子量为500~3000,分为水解单宁、缩合单宁和复合单宁。高粱籽粒中的酚类大部分属于缩合单宁,又名原花青素,是由单体原花青素、儿茶素或表儿茶素等为基本单位。高粱籽粒单宁主要存在于果皮和种皮中,果皮厚度、种子颜色和种皮的有无是影响单宁含量的重要因素。果皮和种皮越厚,种子颜色越红,籽粒的单宁含量就越高。糯高粱表现出更高的酚类物质含量。

从生物学的角度看,单宁和酚类可以防止高粱籽粒免受霉菌、昆虫和鸟类的侵害。而从营养学的观点看,由于单宁和酚类与蛋白质、碳水化合物及矿质元素产生络合作用,从而降低了其营养价值和可消化性。

高粱籽粒中的酚类有香草醛酚、香草醛原花青素、单宁等。单宁是酚类的一种,是高粱籽粒中含量较多的一种酚类,其化学结构是4,8键位连接的儿茶酸。单宁和酚类多含在颖果的果皮种皮里,以决定果皮的颜色、厚度及种皮的颜色和胚乳的颜色、结构等。几乎所有高粱的外果皮都含色素和色素前体。这些色素的数量和颜色随基因的变化而不同。

根据酚(主要是单宁)含量和籽粒基因型可把高粱分成3组。第一组高粱不具(或无)有色种皮,酚含量低且无单宁。第二组、第三组高粱均带有色种皮,第二组高粱可用酸性甲醇提取单宁,只有甲醇不能提取单宁,s基因为隐性。第三组高粱用甲醇或酸性甲醇均可提取单宁,S基因为显性。如果从抗鸟食的角度来分,第一组高粱为不抗鸟的,第二组为中等抗鸟的,第三组为抗鸟的。

(二)单宁和酚类在颖果发育中的变化

高粱颖果发育进程中单宁含量的变化,随籽粒成熟度的提高而下降。

灌浆期的单宁含量最高,蜡熟期至完熟期最低。如品种"三尺三",灌浆期的单宁含量为 1.01%,乳熟期为 0.89%,蜡熟期降为 0.65%,完熟期只有 0.53%。

第二节　糯高粱品质检测方法与结果

湖北省产品质量监督研究院鄂州分院,通过对湖北省农业科学院粮食作物研究所、湖北红樱子农业发展有限公司在湖北省和贵州省糯高粱试验示范基地,提取的糯高粱籽粒样品进行了品质系统检验测定,都符合糯高粱品质标准。

一、蛋白质含量的测定

蛋白质在催化加热条件下被分解,产生的氨与硫酸结合生成硫酸铵。碱化蒸馏使氨游离,用硼酸吸收后以硫酸或盐酸标准滴定溶液滴定,根据酸的消耗量计算氮含量,再乘以换算系数,即为蛋白质的含量。

二、氨基酸含量的测定

食品中的蛋白质经盐酸水解成为游离氨基酸,经离子交换柱分离后,与茚三酮溶液产生颜色反应,再通过可见光分光光度检测器测定氨基酸含量。

三、淀粉含量的测定

（一）检测方法

试样经去除脂肪及可溶性糖后,淀粉依次经淀粉醇醇解和盐酸水解成葡萄糖,测定葡萄糖含量,并折算成样品中淀粉含量。淀粉包括支链淀粉和直链淀粉,直链淀粉和支链淀粉与碘试剂作用分别产生蓝色和紫红色的淀粉碘包合物,在测定波长和参比波长分别在 624 纳米和 425 纳米处测定直链淀粉碘包合物的吸光度值,在测定波长和参比波长分别为 536 纳米和 750 纳米处测定支链淀粉碘包合物的吸光度值。通过各自两个波长的吸光度差值与该溶质浓度成正比可分别求得直链淀粉和支链淀粉的含量。

（二）检测结果

淀粉是白酒酿造中不可缺少的重要原料之一。通常来讲，糯高粱淀粉含量越高，酒的酒精度越高，口感也会更加浓郁，不过淀粉含量太高，酿造过程中会产生一些问题，比如发酵速度会变慢等。所以，酿造过程中需要根据具体情况对糯高粱淀粉含量进行合理的控制和调整。而糯高粱籽粒所含支链淀粉越高，其淀粉糊化也就越容易，自然也就更利于酿酒微生物的生长繁殖以及新陈代谢，同时也会生成更多呈香呈味物质，使白酒酒体风味更为丰满。因此支链淀粉含量占总淀粉含量是评价高粱品质的一个重要指标。

为探讨湖北省不同地域及周边部分地区种植的不同品种糯高粱籽粒淀粉含量的区别，选取枝江市、恩施市、兴山县农科所榛子乡试验基地、竹山县擂鼓试验基地、神农架地区、贵州省仁怀市种植的 11 个糯高粱品种作为研究对象，测定籽粒中总淀粉含量、支链淀粉占总淀粉含量的比率。

1. 不同区域高粱总淀粉及支链淀粉含量

分析结果显示，枝江市试验基地糯高粱的淀粉含量在 63%～68%，平均值 65.5%；恩施市试验基地糯高粱的淀粉含量在 62%～70%，平均值 65.4%；兴山县农科所榛子乡试验基地糯高粱淀粉含量在 61%～69%，平均值 64.0%；竹山县擂鼓镇试验基地糯高粱淀粉含量普遍在 60%～70%，平均值 65.2%；神农架林区试验点糯高粱淀粉含量在 62% 左右；贵州省仁怀市糯高粱的淀粉含量在 62%～67%，平均值 64.7%。其中淀粉含量最高的地方为枝江市，含量最低的为神农架林区，含量变幅最大的为竹山县，接近 10%；变幅最小的是神农架林区，淀粉含量基本维持在 62% 左右；其他几个地区变幅维持在 5%～8%（表 8-3）。

上述区域中，糯高粱支链淀粉含量均较为理想，枝江、恩施、神农架等地支链淀粉占总淀粉含量达到 100%，兴山县农科所榛子乡试点大部分接近 100%，竹山县擂鼓镇试点也高达 96%，均超过贵州省高粱支链淀粉含量（表8-3），是高粱种植比较合适的地域，这可能与这几个地方所处的日照、海拔等因素有很大关系。

表 8-3 不同地区种植的糯高粱籽粒淀粉及支链淀粉含量

地区	淀粉含量		支链淀粉占总淀粉含量比率
	范围(%)	平均值(%)	范围(%)
枝江市	63～68	65.5	100
恩施市	62～70	65.4	100
兴山县	61～69	64.0	≥92(大部分100)
竹山县	60～70	65.2	≥96
神农架林区	62左右	62	100
贵州省仁怀市	62～67	64.7	≥93

资料来源:湖北省产品质量监督检验研究院鄂州分院。

2. 不同高粱品种淀粉含量

选取宜优糯粱、LES-2-1、川糯粱 2 号、红缨子、辽糯粱、红珍珠、机糯粱、金糯粱 1 号、晋糯粱、晋糯粱 10 号、郎糯红 19 等 11 个糯高粱品种,分析其淀粉含量得知,宜优糯高粱的淀粉含量在 63%～68%,平均值 65.5%;辽糯高粱在不同区域种植淀粉含量在 59.5%～69.9%,平均值 63.3%;红珍珠糯高粱在不同区域种植淀粉含量基本维持 65%左右;机糯粱在不同区域种植淀粉含量在 62.9%～66.3%,平均值 64.3%;金糯粱 1 号在不同区域种植淀粉含量在 62.8%～66.3%,平均值 64.6%;晋糯粱在不同区域种植淀粉含量在 61.1%～64.3%,平均值 63.1%;晋糯粱 10 号在不同区域种植淀粉含量在 56.1%～68.6%,平均值 64.0%;郎糯红 19 在不同区域种植淀粉含量在 61.4%～67.3%,平均值 64.4%(表 8-4)。

表 8-4 不同糯高粱品种淀粉含量

品种	淀粉含量		支链淀粉占总淀粉含量比率
	范围(%)	平均值(%)	范围(%)
宜优糯粱	63～68	65.5	100
LES-2-1	60.7～65.1	62.9	100
川糯粱 2 号	65左右	65	100
红缨子	61.8～69.8	66	部分<85,大部分≥91

续表

品种	淀粉含量		支链淀粉占总淀粉含量比率
	范围(%)	平均值(%)	范围(%)
辽糯粱	59.5~69.9	63.3	≥96
红珍珠	65左右	65	≥98
机糯粱	62.9~66.3	64.3	≥92
金糯1号	62.8~66.3	64.6	100
晋糯粱	61.1~64.3	63.1	≥99
晋糯粱10号	56.1~68.6	64.0	100
郎糯红19	61.4~67.3	64.4	100

资料来源:湖北省产品质量监督检验研究院鄂州分院。

总的来看,同一糯高粱品种在不同区域淀粉含量平均值基本在65%,其中红缨子淀粉含量平均值最高,含量达到66%,红珍珠、川糯粱2号在不同区域种植淀粉含量相对稳定,变幅最小;辽糯粱、晋糯粱10号淀粉含量变幅最大,超过10%;除此以外,其他糯高粱品种淀粉含量变幅维持在10%以下。

在所选取的11个糯高粱品种中,多数品种支链淀粉含量占总淀粉含量比率超过95%,宜优糯、LES-2-1、川糯粱2号、金糯粱1号、晋糯粱10号、郎糯红19等6个品种支链淀粉占比已经达到100%,都是比较理想的糯高粱品种。

四、单宁含量的测定

(一)检测方法

用二甲基甲酰胺溶液提取高粱单宁,经离心后,取上清液加枸橼酸铁铵溶液和氨溶液,显色后,以水为空白对照,用分光光度计于525纳米处测定吸光度值,用单宁酸作标准曲线测定高粱单宁含量。

(二)检测结果

单宁在发酵过程中能够形成儿茶酸、香草醛、阿魏酸等酱香白酒香味的前体物质,增加酒体的芳香风味,使酒体变得幽雅细腻、丰满醇厚、回味悠长,对有害微生物还能起到抑制作用。但如果单宁含量偏高,可能会导致酒体酸酯含量降低,造成口感有涩味和苦味,很难确保独特酱味的形成。

为探究湖北省及周边地区不同生产地域、不同品种糯高粱籽粒的单宁含量的区别,分别在枝江市、恩施市、兴山县农科所榛子乡试验基地、竹山县擂鼓试验基地、神农架地区、贵州省仁怀市种植的 11 个糯高粱品种,以此为材料测定籽粒中单宁含量。

1. 不同区域糯高粱单宁含量

枝江市试验基地糯高粱的单宁含量在 0.8%~1.1%,平均值 1.0%;恩施市试验基地糯高粱的单宁含量在 0.5%~1.8%,平均值 1.2%;兴山县农科所榛子乡试验基地糯高粱单宁含量在 0.9%~1.8%,平均值 1.4%;竹山县擂鼓试验基地糯高粱单宁含量在 0.6%~1.7%,平均值 1.0%;神农架林区试验基地糯高粱单宁含量在 1.4%左右;贵州省仁怀市基地糯高粱的单宁含量在 0.9%~1.5%,平均值 1.2%(表 8-5)。

表 8-5　不同地域糯高粱单宁含量

地区	单宁含量	
	范围(%)	平均值(%)
枝江市	0.8~1.1	1.0
恩施市	0.5~1.8	1.2
兴山县	0.9~1.8	1.4
竹山县	0.6~1.7	1.0
神农架林区	1.4 左右	1.4
贵州省仁怀市	0.9~1.5	1.2

资料来源:湖北省产品质量监督检验研究院鄂州分院。

从上述结果来看,不同地域糯高粱单宁含量比较接近,其中兴山县、神农架林区维持在较高水平,恩施市、贵州省仁怀市等地糯高粱单宁含量处于居中水平。

2. 不同糯高粱品种单宁含量

选取宜优糯粱、LES-2-1、川糯粱 2 号、红缨子、辽糯粱、红珍珠、机糯粱、金糯粱1号、晋糯粱、晋糯粱10号、郎糯红19等11个糯高粱品种,分析测试单宁含量(表8-6)。

表8-6 不同糯高粱品种单宁含量

品种	单宁含量	
	范围(%)	平均值(%)
宜优糯粱	0.8~1.1	1.0
LES-2-1	1.6~1.8	1.7
川糯粱2号	1.2左右	1.2
红缨子	0.6~1.7	1.2
辽糯粱	0.8~1.7	1.2
红珍珠	1.0~1.2	1.2
机糯粱	0.7~1.8	1.1
金糯粱1号	0.6~1.0	0.8
晋糯粱	0.8~1.3	1.1
晋糯粱10号	1.4左右	1.4
郎糯红19	0.9~1.8	1.5

资料来源:湖北省产品质量监督检验研究院鄂州分院。

从分析结果可以看出,不同品种糯高粱单宁含量差别比较明显,金糯粱1号品种单宁含量较低,未达到1.0%,LES-2-1糯高粱品种单宁含量高达1.7%,其余品种维持在1.0%~1.5%适中水平。单宁含量适中水平品种中,川糯粱2号、晋糯粱10号两个品种含量变幅最小,红珍珠变幅相对较小,其他大多数品种变幅控制在0.5%左右。

不同原料酿造出的白酒的品质大有差异,即使是同一种原料,也可能会因为产地、品种、同一品种不同种植区域的区别,酿出的酒在风味、口感、终端白酒产量等方面存在很大的差别。因此,在酿酒糯高粱原材料选择中,要综合考虑糯高粱品种、糯高粱种子原产地、糯高粱种植区域和环境条件等各方面因素,这样才能实现原材料产量与酿造出的白酒品质双赢结果。通过上述淀粉含量、单宁含量的检测结果可以看出，湖北省枝江市、恩施市、兴山县农科所榛子乡试验基地、竹山县擂鼓试验基地、神农架林区等均为理想的酿酒糯高粱原料种植地，种植的 11 个糯高粱品种淀粉、单宁含量适宜，可根据实际生产需求选择品种生产。

第九章　糯高粱产业的发展

在我国，高粱有几千年的栽培历史。高粱以其抗逆性强、适应性广、用途多样而著称，在人类的发展史上曾起到重要作用。从历史上看，高粱作为拓荒的"先锋"作物，随人口迁徙开垦荒地，高粱就跟随到那里生根、发芽、开花、结果，维系人们的生计，尤其在发生旱、涝灾害年份，高粱仍能有一定的收获产量，被人们称为"救命之谷""生命之谷"。当人类社会发展到今天，科学技术已相当进步的时下，糯高粱在加工产业上提质增效等方面也发挥着一定优势。

第一节　糯高粱酿酒业

一、糯高粱白酒的发展历程

（一）糯高粱白酒的起源

追溯高粱酿酒的起源，我国著名白酒专家辛海廷在论述我国白酒的起源与发展中指出，大量史料和考古发现证明，我国白酒起源于金、元时期是可靠的，而白酒中的精品糯高粱白酒产生的年代可能要晚一点，这与农业上是否拥有大量酿酒的糯高粱原料有关。

我国社会进入明代以后，由于黄河不断泛滥给中、下游流域造成极大的危害，为治理水患修河筑堤，朝廷命令周边广植高粱。以高粱秸秆扎成排架填充石灰土加固河堤，而剩余的大量高粱籽除部分民食或作牲口饲料外，为酿酒提供了大量充裕的优质原料。因其淀粉含量丰富，品质上乘，口感醇厚，深受欢迎，全国各地纷纷效仿。经过历史传承和不断发展，成为我国名优白酒的主导产品。

糯高粱是白酒的主要原料。驰名中外的几种名酒多是用糯高粱作主料酿制而成。用糯高粱酿制的酒是蒸馏酒,又称白酒或烧酒。明朝李时珍曾指出,"烧酒并非古法,自元代始其法"。然而,唐代诗人白居易诗云:"荔枝新熟鸡冠色,烧酒初开琥珀香。"北宋田锡所著《曲本草》、南宋吴悮所著《丹房须知》、张世南所著《游宦纪闻》中都有关于蒸馏器和蒸馏技术的记载。可见我国酿制蒸馏酒的起始应在唐朝中期之前。有关高粱制酒,胡锡文(1981)认为,"粱醴清糟"(《礼记·内则》)当是我国高粱酿酒的最早文献记载。据此,我国是最早用高粱酿制白酒的国家。

(二)糯高粱酿酒业发展的现状

如今,在我国经济蓬勃发展的形势下,糯高粱酿酒业也得到了较快的发展。酿酒业是我国不少省份国民经济的重要产业。糯高粱名酒是我国具有特色的出口创汇商品。

糯高粱酿酒业的发展,增加了对糯高粱原料的需求,拉动了糯高粱生产的发展。据《经济日报》报道,近年糯高粱产销形势喜人,主要特点是用量增多,价格趋长。根据有关部门对国内糯高粱市场的调查显示酒用糯高粱用量增加。酿酒业发展势头不减,呈逐年上升趋势,除贵州、四川等省名牌白酒,如茅台酒、五粮液、泸州老窖特曲等销售市场持续走强外,一些新兴白酒产地,如东北、内蒙古、山东等地的酒生产和销售见热见旺。有关部门的统计资料表明,国内大型酒厂有100余家糯高粱用量大户,年需求糯高粱在100万～150万吨;再加上各地众多的中、小型酒厂,年需要高粱100万吨以上,均比往年增加10%左右,因而导致糯高粱的需求量逐年上扬。从统计估算看,国内所有白酒厂每年需要高粱作酿酒原料250万～280万吨。

2023年3月10日,中国酒业协会理事长宋书玉透露了2022年度全国白酒行业生产经营相关数据。截至2022年末,全国规模以上白酒企业963家,累计完成产品销售收入6626.45亿元,同比增长9.64%;累计实现利润总额2201.72亿元,同比增长29.36%。亏损企业169家,亏损面17.55%;累计亏损额18.82亿元,同比下降15.69%。

近10年来,我国白酒产量由2013年的1226.2万千升,上升到2016年的1358.4万千升,随后连续6年下滑,2022年降至671.2万千升(表9-1)。

表 9-1　2013—2022 年中国白酒产量

单位：万千升

年份	2013	2014	2015	2016	2017	2018	2019	2020	2021	2022
产量	1226.2	1257.1	1313.0	1358.4	1198.1	871.2	785.9	740.7	715.6	671.2

资料来源：中国白酒协会统计年报。

二、我国糯高粱名酒

（一）糯高粱名酒的品质和风味

糯高粱酒采用优质糯高粱为酿造原料，经陈年老窖发酵，长年陈酿酿制而成，属于特殊香型的白酒，是以乙酸乙酯、乳酸乙酯、高沸点香味物质三者构成的馥合香型特点。糯高粱酒中富含糖、氨基酸、维生素、矿物质，这些是人体极为重要的营养素。它能够不通过预先消化，就能被人体吸收，酒体具有晶莹醇厚，香气悠久，味醇厚，口感清香、绵长，各味谐调，恰到好处，酒味全面的独特风格。

1. 糯高粱白酒的主要成分

糯高粱白酒中的酸、酯、醛、醇一般 10 毫升含量有总酸 0.1 克、总酯 0.1~0.4 克、总醛 0.05 克、高级醇类 0.3 克。普通高粱酒的成分是：酒精 65%，总酸 0.0618%（其中乙酸 68.22%，丁酸 28.68%，甲酸 0.58%），脂类 0.2531%（其中包括乙酸乙酯、丁酸乙酯、乙酸戊酯等），醛类 0.0956%，呋喃甲醛 0.0038%，其他醇类 0.4320%（戊醇最多，丁醇、丙醇次之）。

2. 糯高粱白酒的风味

糯高粱白酒的感官品质包括色、香、味和风格四个指标。风格也称风味，是指视觉、味觉和嗅觉的综合感觉。品质优良的名酒绵而不烈，刺激性平缓。只有使多种化学物质充分地进行生物化学转化，生成多种多样的有机化合物，才能达到这种效果。上述质量因素与原料、曲种、发酵、蒸馏、贮存等密切相关。

3. 糯高粱名酒产生的相关因素

普通高粱白酒主要是霉菌和酵母菌发酵的产物。糯高粱名酒除霉菌和酵母菌之外,还增强了细菌活动。在名酒发酵窖的窖泥中,繁衍着众多的梭状芽孢杆菌。它们以窖泥为基地,以香醅为养料,以窖泥和酒醅的接触面为活动场所,在繁殖过程中产生多种有机酸。在发酵过程中,酸和酒精在酯化酶的催化下产生各种酯类,如乙酸乙酯、丁酸乙酯和醋酸乙酯等。贮存期间,酸可以继续转化成酯,使酒香大增。通常是窖龄越长,细菌越多,酒味就越纯香。

（二）我国八大名酒

我国八大名酒各具风味和特色,都是以糯高粱为主要原料酿造而成。名酒的优良酒质绵而不烈,刺激平缓,具甜、酸、苦、辣、香五味调和的绝妙;具浓（浓郁、浓厚）、醇（醇滑、绵柔）、甜（回甜、留甘）、净（纯净、无杂味）、长（回味悠长、香味持久）等特色。

名白酒主要香型有酱香、清香、浓香。①酱香型白酒的特点是酱香突出,优雅细腻,酒体醇厚,回味悠长,如茅台酒;②清香型白酒的特点是清香纯正,醇甜柔和,自然协调,余味爽净,如汾酒;③浓香型白酒的特点是窖香浓郁,绵软甘洌,香味协调,尾净余长,如泸州老窖特曲。

此外,还有米香型、兼香型、药香型、凤香型、芝香型、豉香型、特香型、老白干香型和馥郁香型。

八大名酒分别是茅台酒、五粮液、汾酒、泸州老窖、西凤酒、剑南春酒、董酒、古井贡酒（排名不分先后）。下面分别介绍八大名酒的工艺及特色。

1. 茅台酒

茅台酒是世界三大著名蒸馏酒之一,誉称为我国的"国酒"。它以优质糯高粱为原料,上等小麦制曲,每年重阳之际投料,利用茅台镇特有的气候、优良的水质和适宜的土壤,采用与众不同的高温制曲、堆积、蒸酒,轻水分入池等工艺,再经过两次投料、9次蒸馏、8次发酵、7次取酒、长期陈酿而成。酒精度多在52～54度,是我国酱香型白酒的典范。

茅台酒有三大典型体,酱香,醇甜,窖底香。而且还有色清透明、酱香突出、醇香馥郁、优雅细腻、入口绵柔、甘洌净爽、酒体醇厚丰满、回味悠长、空杯留香持久的特点。

2. 五粮液

五粮液原名为"杂粮酒",1929年定名为"五粮液",产于素有"名酒之乡"

美称的四川省宜宾市,因以5种粮食为原料而得名。采用"五粮配方,小麦制曲,人工培窖,双轮低温发酵,量质摘酒,按质并坛,分级储存,精心勾兑"的独特技术和悠久的传统工艺,运用600多年的占法技艺,集糯高粱、糯大米、小麦和玉米等之精华,在独特的自然环境下精酿而成。

作为我国浓香型白酒的代表,五粮液酒液清澈透明,酒味醇厚甘美,柔和净爽,各味谐调,具有"香气悠久,滋味醇厚,进口甘美,入喉净爽,各味谐调,恰到好处"的特点和风格。

3. 泸州老窖

泸州老窖是我国最古老的四大名酒之一,特点是香、纯、厚。泸州老窖之所以具有如此独特的风格,关键在于发酵的窖龄长,是真正的老窖。泸州老窖是以泥窖为发酵容器,经过长期使用,泥池出现红绿彩色,泥性成软体,并产生奇异的香气,此时,发酵醅与酒窖泥接触,蒸馏出的酒也就有了浓郁的香气。

泸州老窖酒液无色晶莹,酒香芬芳浓郁,酒体柔和纯正,清冽甘爽,酒味协调醇浓。饮后余香,荡胸回肠,香沁脾胃,味甜肌肤,令人心旷神怡。

4. 汾酒

汾酒产于山西省汾阳县杏花村酒厂,选用上等糯高粱精酿而成,属清香型白酒,曾多次在全国评酒会上获金奖,注册商标有"古井亭"牌和"长城"牌两种。在酒文化的历史长河中,汾酒形成了自己独特的风格,即酒液清冽,晶亮透明,清香纯正,柔和爽口,回甜生津,入口绵,落口甜,饮后余香不绝。该酒素以色、香、味三绝而著称于世,现有65度、60度、53度、48度的系列化产品。

5. 剑南春

剑南春的前身是"绵竹大曲",后来改名为剑南春,与茅台、五粮液等国产名酒齐名。剑南春以糯高粱、糯米、小麦、玉米为原料,以名泉玉妃泉为水基,采用传统工艺精心酿制而成。在特定空间、环境场所长期积淀而成的传统酿造技艺,酒糟在窖池发酵"发热"属阳,用泥池发酵属阴,让发酵中的"阳"在泥池中"阴"的作用下平衡而酿造出美酒。发酵好的固态酒醅采用续糟混蒸法在一种又低又矮的传统甑桶中缓火蒸馏,甑内繁多物质交织在一起,各种香味物质都蒸馏于酒中,使得产品芳香浓郁、纯正典雅、醇厚绵柔、甘洌净爽、余香悠长、香味谐调、酒体丰满圆润,具有典型独特的风格。

6. 西凤酒

西凤酒古称秦酒、柳林酒,是产于凤酒之乡的陕西省宝鸡市凤翔区柳林镇的地方传统名酒,为中国四大名酒之一。西凤酒具有多类型的香气,含有多层次的风味;集清香型、浓香型白酒风格特点于一体,酸、甜、苦、辣、香五味俱全,均不出头。

西凤酒无色清亮透明,醇香芬芳,清而不淡,浓而不艳,集清香、浓香之优点融于一体,以"醇香典雅、甘润挺爽、诸味谐调、尾净悠长"和"不上头、不干喉、回味愉快"的独特风格闻名。

7. 董酒

董酒产于贵州省遵义市汇川区董公寺镇,是中国老八大名酒。董酒的口感独具特色,不同于酱香型和浓香型,是一种混合香型白酒。采用独特的酿酒工艺,酿造出品质上佳、典型而闻名中外的白酒。从酒的风格、香味成分以及生产工艺三个方面来看,董酒都有其独特之处,酒液晶莹透亮,浓香扑鼻制法:以糯高粱为主要原料,加有 40 多种中药的大曲(麦曲)和加有 90 多种中药的小曲(米曲)为糖化发酵剂,先用糯高粱制得小曲酒,再用小曲酒糟配入一部分董糟和香醅、麦曲,人地窖发酵半年以上而成董酒香糟,然后用小曲酒串蒸董酒香糟,经鉴定后分级贮存 1 年以上,再勾兑而成。形成了独特的"董香型",成为我国名优白酒中独树一帜的品种。

董酒品质风味特点:酒晶莹透亮,敞杯郁香扑鼻,人口甘美清爽,香味独特,既有大曲酒的浓郁芳香,又有小曲酒的醇和、回甜等特点,还有令人愉快的药香,称"腐乳香",俗称"泥香",别具一格,其酒度为 58~60 度。

8. 古井贡酒

产于安徽省亳县,减店集古井水质清澈透明,饮之微甜爽口,有"天下名井"之称。用此井水加上当地优质糯高粱为原料,再用小麦、大麦和碗豆制成的中温大曲共同酿制而成。此酒在明清两朝专供皇家饮用,故称古井贡酒,其特点是酒色如水品,香纯如幽兰,入口甘美醇,回味久不息,为浓香型。

三、酿酒原理和工艺

(一)酿酒原理及其微生物

1. 酿酒原理

粮食本身含有丰富的淀粉,在酵母和细菌的作用下发酵生成乙醇,利用沸点的差异使酒精从原有的酒液中浓缩分离,冷却后获得高酒精含量的酒品。

2. 酿酒微生物

酿造功能微生物主要有细菌、酵母菌、霉菌和放线菌。细菌主要产蛋白酶与酱味物质;霉菌是糖化动力来源;酵母主要产酒、产香;放线菌代谢的次级代谢产物对微生态具有一定生物调控作用。不同酿造工序中微生物组成、丰度各不相同;各种微生物形成复杂的微生态系统,伴随着大量微生物动态变化、能量传递及物质生成。

细菌以芽孢杆菌、乳酸菌和醋酸菌为主,代谢过程中涉及白酒中多种主要香气成分的生成,如杂醇油、吡嗪类、吡啶类物质等。以乳酸杆菌为代表的细菌主要通过丙酸代谢途径合成并参与苏氨酸代谢途径生成正丙醇。

酵母菌以库德里阿兹威毕赤酵母、满洲毕赤酵母、拜尔接合酵母、酿酒酵母和念珠酵母为主,主要分布在糟醅堆积过程及入窖发酵前期。糟醅堆积过程富集了环境中酵母菌及大曲优势菌,在淘汰了部分杂菌的同时为入窖发酵提供微生物动力和酶动力,对各类风味前体物质的形成奠定基础。

霉菌作为糟醅发酵的主要糖化动力源,以曲霉、毛霉、根霉、青霉为主,能够分泌各种重要酶类物质,对原料中淀粉、蛋白质等的降解具有重要催化作用。原料经酶解后生成糖类及氨基酸,供其他微生物生长代谢利用,进而为酱酒风味物质的产生提供基础。

放线菌代谢产物对酿酒功能微生物有代谢调控作用,以高温放线菌为主,除了影响呈味物质外,还通过产酶来调节酿酒微生态。酿造过程中放线菌主要源于土壤,因此窖泥中放线菌含量最高,大曲中次之,酒醅中含量最低。

(二)糯高粱籽粒化学成分与酿酒的关系

糯高粱作为酿造白酒的主要原料,其籽粒理化品质(籽粒大小、淀粉、蛋

白质、脂肪、单宁含量等)与酒体的质量、与酿酒产量和风味有密切关系,选择
什么样的糯高粱品种籽粒做原料,主要依据籽粒的化学组分。常用的酿酒糯
高粱籽粒的化学组成成分见表 9-2。

表 9-2　常用的酿酒糯高粱籽粒化学成分

种类	淀粉(%)	粗蛋白(%)	粗脂肪(%)	粗纤维(%)	单宁(%)
东北常用的酿酒高粱	62.27~65.08	10.30~12.50	3.60~4.38	1.80~2.38	
贵州糯高粱	61.62	8.26	4.57		0.57
四川泸州糯高粱	61.31	8.41	4.32	1.84	0.16
四川永川糯高粱	60.03	6.74	4.06	1.64	0.29
四川合川糯高粱	60.19	7.46	4.71	2.61	0.33

资料来源:卢庆善,邹剑秋.高粱学[M].2 版.北京:中国农业出版社,2023.

　　淀粉既是转化酒精的主要原料,也是微生物生长繁衍的主要热源。糯高
粱淀粉因品种和产地不同而异。淀粉含量多的出酒率高。糯高粱直链淀粉
含量少,支链淀粉含量多,或者全是支链淀粉。支链淀粉含量高有利于霉菌、
细菌和酵母菌株的生长和代谢,酿造出酒率高,也更有利于白酒品质;直链淀
粉含量越高,糯性越弱,蒸煮过程中吸水膨胀裂开后不易粘连在一起,也会使
裂口率变大;籽粒外果皮厚度、种皮厚度与支链淀粉之间表现为显著负相关。
籽粒中的蛋白质经蛋白酶水解转化成氨基酸,又经酵母作用转化为高级醇
类,是白酒香味的重要成分,因此蛋白质,尤其是含天门冬氨酸和谷氨酸较多
的蛋白质和蛋白酶与酿酒优美风味密切相关。按照白酒酿造原料筛选要求,
糯高粱籽粒中蛋白质含量不应超过 8%,若超过 8%后会导致酿造发酵过程
中酸类物质大量积累,从而改变发酵条件,影响酒的品质。糯高粱籽粒中的
脂肪含量不应超过 4%,否则酒有杂味,遇冷易显混浊。籽粒中的单宁对发
酵中的有害微生物有一定的抑制作用,能提高出酒率;单宁产生的丁香酸和
丁香醛等香味物质,能增加白酒的芳香风味,因此含有适量单宁的糯高粱是
酿制优质高粱酒的佳料。但是,单宁味苦涩,性收敛,遇铁盐呈绿色或褐色,
遇蛋白质成络合物沉淀,妨碍酵母生长繁育,降低发酵能力,故单宁含量不宜
过高。单宁含量范围一般要求在 0.5%~1.5%,该条件下所酿造的糯高粱

酒的风味和口感才会更好,而当单宁含量超过 3% 时,酒的口感会变涩、变差。单宁可被单宁酶水解成没食子酸和葡萄糖,能降低对酿酒发酵的危害性。因此,选用单宁酶作用强的曲霉和耐单宁力强的酵母菌,使单宁充分氧化,是克服单宁含量过高的有效措施。

此外,籽粒中的矿物质(灰分),如磷、硼、钼和锰等,是构成菌体和影响酶活性不可缺少的成分,其对调节发酵窖的酸碱度(pH)和渗透压也产生一定的作用。一般来说,糯高粱籽粒中的矿质成分含量足够酿酒发酵需要。

(三)酿酒工艺

1. 酿酒方法

以糯高粱籽粒为原料,一般采用固体发酵法。糯高粱酿酒的传统工艺因用曲方式不同分为大曲法和小曲法两类。大曲法是用小麦和豌豆等谷物作制曲原料,利用野生菌种自然繁殖发酵。曲块中主要有根霉、毛霉、曲霉、酵母菌和乳酸菌等。大曲法酿制的白酒有特殊的曲香,酒味醇厚,品质优。各种名酒多采用此法。然而,大曲法酿酒生产周期长,用曲量大,出酒率较低,生产成本较高。在糯高粱酒总产量中,此法生产的酒所占比例较小。但因酒品质高,仍有发展前景。

小曲法酿酒古时就用,所用曲常配以药材,故又称作药曲、酒药、酒饼。药曲中主要微生物为根霉、毛霉和酵母菌等。四川、贵州酒厂多采用固体发酵,江苏、浙江酒厂多采用液体发酵。近来,已从自然繁殖菌种过渡到纯种培养。小曲法生产的高粱酒虽然所占比例大,但酒品香气较差,口味淡薄。此法有日益减少的趋势。为节省糯高粱,生产上逐步推广麸曲加酒的麸曲法。此法用人工培菌发酵,发酵快,生产周期短,故称快曲法。此法出酒率较高,成本较低,已被北方酒厂普遍采用。

2. 酿酒工艺流程

各种酿酒法除用曲有不同外,操作方法都基本相同。大曲法酿酒的工艺流程如下。

(1)原料。不同酒厂使用的原料不一样。如清香型的山西汾酒,原料全部是糯高粱籽粒;浓香型的五粮液,除用糯高粱籽粒外,还辅以粳米、糯米、小麦和玉米。制曲的原料虽多以大麦和小麦为主,但由于酒的品种不同,制曲原料也略有差异。清香型酒的制曲原料多用大麦和豌豆,是香兰酸和香兰素的来源。浓香型酒制曲多用小麦。糯高粱名酒还常掺和低脂肪的豌豆、绿豆和红小豆等,也有掺和荞麦和玉米的,目的是利用适量的脂肪和蛋白质培制所需曲种。

酿酒很讲究用水,"名酒产地必有佳泉"。水中的有机物影响酒的风味,无机盐影响微生物的繁殖和发酵过程。因此酿酒用水必须纯净,糯高粱名酒对水的要求更高,水质无色透明,清澈不浊,无悬浮物和怪味,无碱,不咸,略有甘甜味,属软水,沸后不溢,不生水锈,无沉淀物等。

(2)制曲。制曲是培养优良菌种,使其接种到酿酒原料上能旺盛繁殖。为此,需创造营养丰富、温度适宜、水分适量的条件。制曲时不用人工接入任何菌种,仅依靠原料、用具和空气中的天然菌种进行繁殖是大曲法制曲的特点。不同曲房固有的菌种不一样,制曲原料的配合比例应与季节和气候相适应。冬季要适当减少性质黏稠、容易结块、升温降温慢的豆类。曲料配好后,先粉碎,再放入曲模中压成砖形,置于曲房里,适当控制温度和水分。通常需30~45天,经过长霉、凉霉、起潮火、起干火和养曲等阶段完成培菌过程。制好的曲可贮存备用。

(3)发酵。酿酒的糯高粱籽粒一般破成4~5瓣加水约20%拌匀,润湿浸透,再蒸煮糊化。蒸煮后置于场地上,加入适量水于20~25℃下加入20%左右曲粉,依季节而异趁适温入窖发酵。入窖时压实并封严窖口,以避免杂菌侵入。3~5天后窖温升至30℃上下,原料逐渐液化,液化越充分则酒醅越易下沉。糯高粱名酒发酵时间较长,如泸州老窖为1个月,五粮液为70~90天,茅台酒需8次下曲和发酵,每次发酵期为1个月,一个生产周期共需8~9个月。发酵时间长,产生的酯类较多,能增强香味。

(4)蒸馏。蒸馏的目的是把酒醅里所含各种成分,因沸点不同,将易挥发的酒精、水、杂醇油和酯类物质蒸发为气体,再冷却为液体,将酒醅里4%~6%的酒精浓缩到50%~70%(图9-1)。蒸馏过程能将酒醅里的微生物杀死,再产生一部分香味物质。为了使酒醅疏松,便于蒸馏,常加入少量谷糠,但加入过多谷糠会有异味。一般酒头的酒精浓度大,醛、酯和酮等物质都聚集在酒头里;接近酒尾时,酒精浓度急剧下降。杂醇油的沸点虽然较高,但由于其蒸发系数受酒精度的影响,在酒头和酒尾中的含量均较多。因此,酒头常有异味,而经长时间贮存后,由于醇类发生转化,反而能增加香味。

图 9-1 酿酒车间

(5) 后续操作。蒸馏后的操作法分为清渣和续料两类。①清渣法:是经几次发酵后将酒渣全部弃出去。发酵 2 次清渣的称二遍清,发酵 3 次的称三遍清,其余类推。②续料法:是圆排后,每次蒸馏添加一部分新料,弃去一部分旧渣,糊化和蒸馏并用,连续进行。续料法又分为四甑和五甑法不同工艺。老五甑是我国酿酒应用最广泛和最久远的方法。

小曲酿酒法的曲量仅占投料量的 0.5%～1.0%;麸曲酿酒法用曲量为投料量的 10%,酵母用量为 4%～5%,发酵时长 4～5 天。麸曲和酵母因容易寄生杂菌不宜久存,否则糖化和发酵能力下降。小曲法和麸曲法的酿制程序与大曲法大体相同。

(四) 名酒的酿酒工艺流程

我国的名酒有着独特的酿酒工艺,造就了各自的风味特征,以下简要介绍茅台酒、五粮液、泸州老窖、汾酒、剑南春、西凤酒、董酒等七种名酒的酿酒工艺流程。

1. 茅台酒

茅台酒作为酱香型白酒典范酱,其酿造是一连串复杂且微妙的衍化过程(图 9-2)。其生产工艺特点可以概括为"四高两长,一大一多"。四高:高温制曲、高温堆积、高温发酵、高温流酒;两长:生产周期长,历经 1 年;贮藏时间长,一般需要贮藏 3 年以上。一大:用曲量大,用曲量与粮食质量比达到

1∶1;一多:多轮次发酵,即八轮次发酵。酿造工艺可以简单地总结为"12987
工艺"(1年为一个生产周期,2次集中投粮,9次蒸煮,8次发酵,7次取酒)。

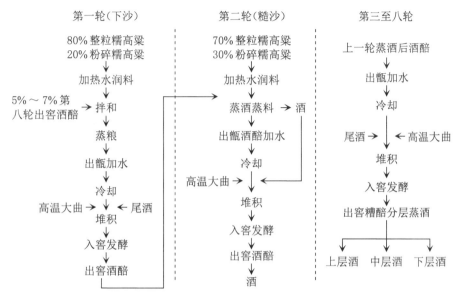

图 9-2 茅台酒生产工艺流程图

(1)制曲。小麦破碎,加入母曲和水制成曲胚,用稻草间隔仓发酵 40
天,然后解体,贮藏 6 个月后投入制酒生产。

(2)酿酒。①投料阶段:重阳节前后分两批投料。也就是说,下沙和糙
沙(沙是糯高粱)。下沙糯高粱破碎后加水润谷,第二天加入母粕蒸熟,然后
加入曲和尾酒混合堆放。符合工艺要求,入窖发酵 30 天后开窖取醪,制沙破
碎,与润粮糯高粱混合,由蒸好的谷物重复上述步骤。②馏酒阶段:馏酒阶段
共有 7 次,每次都是摊晾、加曲、堆放、装窖、馏酒操作。酿酒过程共经过 9 次
蒸煮,8 次摊晾、加曲、堆浸、入窖、7 次取酒,每年一个生产周期。

(3)贮藏与勾兑。将基酒(轮次酒)分酱香、醇甜香、窖底香三种典型体
贮藏于陶坛,勾兑轮次、典型体、酒度、酒龄不同的基酒,勾兑后贮藏于陶坛。
储藏勾兑工序至少经过 3 年。

2. 五粮液

五粮液采用 36% 的糯高粱、22% 糯米、18% 玉米、16% 小麦、8% 大米经

过粉碎后,混合在一起发酵,采取"固态续糟、混蒸混烧、跑窖循环、分层入窖、双轮底发酵、分层起糟、分层蒸馏、量质摘酒、按质并坛、分级储存、精心勾兑"等传统工艺,使得发酵后的酒味导入醇和、醇厚、醇正、醇甜的绝妙境界(图9-3)。

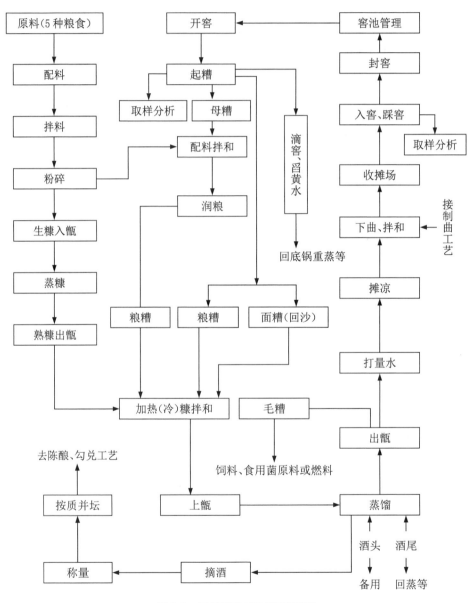

图 9-3　五粮液生产工艺流程图

（1）开窖鉴定。五粮液在开窖之后需要立即对出窖糟和黄水进行鉴定，鉴定情况是确定本排入窖工艺参数的重要依据。

（2）分层起糟。各层次糟醅的发酵情况不同，酒质也不尽相同，因此进行分层起糟。

（3）"看糟配料"。看糟配料就是根据开窖鉴定状况对投粮、糟量、用糠量、量水、用曲量、蒸馏、糊化等工艺参数做出初步安排，并使得入窖条件感官遵循"糊化彻底，内无生心；疏松不糙，柔熟不腻"，理化主要控制酸、水、淀等受控。"粮、糠、水、曲、温、酸、糟"七大要素之间的综合协调。

（4）拌和、润粮。先将出窖糟摊开铺平，根据情况打或不打润粮水，再把所需粮食倒入母糟中，拌和 2～3 遍，拌好粮后收堆，面上撒成糠壳润粮 60～75 分钟。

（5）拌糠上甑、分层蒸馏。在上甑前 10 分左右拌糠，拌和 2～3 遍，加糠量为 23%～27%。拌糠的关键是"匀、透"。"生香靠发酵，提香靠蒸馏"。探气上甑是固态蒸馏的一大特点，要求是轻撒匀铺、关键是"轻、松、薄、匀、平、准"，目的是提高固态蒸馏效率，实现丰产丰收。上甑至盖盘时间≥35 分钟。生产中为了避免各层次糟醅混杂而导致全窖酒质下降，因此各层次的糟醅需进行分层蒸馏。上甑蒸汽压力控制在 0.03～0.05 兆帕。

（6）量质摘酒、大汽蒸粮。同一层次的糟醅进行量质摘酒，掐头去尾、边尝边摘，摘出具有五粮老窖复合香气的基础酒。流酒蒸汽压力≤0.03 兆帕，流酒速度控制在 2～2.5 千克/分，流酒温度 20～30℃。酒头中含有大量的酯、酸、甲醇、醛和较高的酒精、杂醇油等，形成较浓的酯香味，以致刺鼻，且味糙辣，故一般摘头 0.5～1 千克。酒头中芳香成分多，可选择质优者作为"酒头调味酒"。蒸馏中期，适当高的酒精分和较低的总酯、总酸、总醛、杂醇油及各种酸、酯、醇、醛等微量成分构成了适宜的比例，形成较好的口味和独特风格。酒尾中酒精浓度低，各组分比例失调，高级醇、乳酸乙酯、高级脂肪酸乙酯含量较多，致使口味淡薄、苦涩、刺喉。摘完酒后加大蒸汽压力进行蒸粮，蒸粮蒸汽压力控制在 0.03～0.05 兆帕。流酒至出甑时间≥40 分钟，但具体时间以粮食达到"内无生心、糊化彻底、熟而不粘"为准。

（7）沸点量水、摊凉下曲。待蒸粮达到要求后揭开甑盖，将糟醅倒入摊场。根据季节、投粮、出窖糟水分情况等打入量水，量水温度 95～100℃（不低于95℃),量水用量为粮粉的75%～90%,打量水后堆闷3～8分钟。用铁铲将打量水后的糟醅均匀撒到摊凉床上,摊凉时间30分钟左右,待温度下降到要求温度时将称量好的曲粉均匀撒在糟上,曲药用量为投粮量的20%,然后用铁铲将曲药拌和均匀,曲粉无堆团现象。

(8)跑窖工艺。跑窖工艺就是本窖出窖糟醅经出窖、配料、上甑蒸馏、摊晾下曲后进入下一口相邻窖池进行发酵的操作,以此类推。跑窖法的糟醅在不同窖池中"流动"循环,有利于整个酿酒区域发酵水平的平衡和提高。

(9)双轮底发酵。双轮底发酵是窖池底部的少部分糟醅不蒸馏,留在窖底连续发酵两轮的操作,发酵期可达140天左右。由于窖池底部糟醅与窖泥接触面积较大、时间较长,有利于香味物质的大量生成与累积,因此利用质量较好的糟醅进行双轮底发酵,是生产优质调味酒的一种有效措施。

(10)低温入窖、缓慢发酵。入窖温度要求是"地温≤20℃,入窖温度16～20℃;地温在＞20℃,入窖温度与地温持平"。在摊凉床上测温时,选准4个以上的测温点,各点温差≤1℃,如果温差较大,需进行调整。糟醅摊晾下去后需尽快入窖、以降低杂菌感染的机会。整个发酵期糟醅温度变化呈现"前缓、中挺、后缓落"的状况,表明发酵良好。"低温入窖、缓慢发酵"有利于醇甜物质的生成,有利于控酸和产酯、有利于降低杂醇油的生成。

(11)踩窖。将斗内糟醅卸入窖池内,迅速将糟醅挖平。找5个测温点(4个角附近和中间)踏紧后插上温度计。踩窖时沿窖的四周至中间,热季一足复一足密踩,冷季糟醅可稀踩。最后检查各点温度,做好记录。

(12)封窖管理。用行车把封窖泥运至窖池,用铁锨将封窖泥铲在窖池糟醅上压实拍光。窖皮泥厚度不低于10厘米,窖皮泥厚薄均匀。封窖以后15天内必须每天坚持清窖,避免裂口,15天以后保持不裂口。用温度较高的热水调新鲜黄泥泥浆淋洒窖帽表面,保持窖帽滋润不干裂、不生霉。窖帽表面必须保持清洁,无异杂物。

(13)按质并坛、分级储存。采取分层蒸馏和量质摘酒后,基础酒的酒质就有了显著的差别,因此基础酒要严格按质并坛。通过按质并坛,基础酒的等级基本确定,分级储存后有利于后期的勾调。

(14)人机勾兑。五粮液独创了"烘托、缓冲、平衡"的勾兑技术,在行业得到广泛应用。随后五粮液酒计算机勾兑专家系统与人工勾兑技术的完美结合,形成的成品酒调配技术提升了勾兑效率和产品质量。

3. 泸州老窖

泸州老窖进行酿酒时,所需要使用的酿酒原料一般是以糯高粱或多种谷物为制酒原料,优质小麦或大麦、小麦、豌豆混合配料,培制中温曲或高温曲。泥窖固态发酵,采用续糟配料、混蒸混烧、量质摘酒、原度贮存、精心勾兑而成。

对于原料的前期准备,糯高粱是必须进行粉碎成粉,而其粉碎度是有严格标准,是需要通过 20 目孔筛的占 70%～75%,而对于麦曲而言,其粉碎度应该通过 20 目孔筛的占 60%～70%。然后稻壳需要清蒸,因为只能使用熟糠。同时,在酿酒的时候,是需要根据不同的气温条件,从而调整投料量、用曲量、水量以及填充料量,而且还会严格控制入窖淀粉的浓度。在酿造浓香型大曲酒的时候,需要采用混蒸续糟法工艺,在配料中的母糟可以给予成品酒特殊的风味,提供发酵成香的前体物质,可以调节酸度,这样是有利于淀粉的糊化,这是因为调节淀粉含量可以为发酵提供比较合适的酸度。

在蒸粮前的 50～60 分钟,需要用扒梳挖出大约够 1 甑的母糟,然后倒入粮粉并拌和两次。窖上面是 1～2 甑面糟(回糟),故先蒸面糟。蒸面糟时,可在底锅中倒入黄水,蒸出的酒,称为"丢糟黄水酒"。粮糟蒸后挖出,堆在甑边,立即打入 85℃以上的打量水。

摊凉的传统操作方法是将酒醅用铁锨拉入晾堂甩散甩平,厚 3～4 厘米,趟成拢,以铁齿耙反复拉 3～5 次,消灭(打散)坨坨疙瘩。摊粮时间≤30 分钟,摊粮温度在 16～20℃。

摊凉撒曲完毕即可入窖。在糟子达到入窖温度要求时,用车或行车将糟子运入窖内。入窖时,先在窖底均匀撒入曲粉 1～1.5 千克,入窖温度一般在 18～20℃,主发酵期长达 10～15 天,尽量控制缓慢发酵。

4. 汾酒

汾酒采用传统的"清蒸二次清",地缸、固态、分离发酵法。所用糯高粱和辅料都经过清蒸处理,将蒸煮后的高粱拌曲放入陶瓷缸,缸埋土中,发酵 28 天,取出蒸馏。蒸馏后的酒醅不在配入新料,只加曲进行第二次发酵,仍发酵28天,糟不打回去而直接丢糟。两次蒸馏得酒,经勾兑成汾酒(图 9-4)。

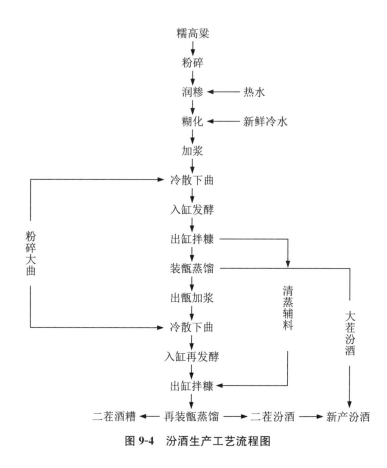

图 9-4　汾酒生产工艺流程图

（1）原料。汾酒生产原料主要有糯高粱、大曲和水。所用大曲有清茬、红心和后火三种中温大曲，按比例混合使用；谷糠、稻壳作为填充料，要求新鲜干燥，不带霉味，呈金黄色。

（2）润糁。粉碎后的糯高粱原料称红糁，在蒸粮前要用热水润糁，称高温润糁。将粉碎后的高粱，加入为原料重量 65%～71%热水。夏季水温 78～83℃，冬季 85～93℃。拌匀后，进行堆积润料 18～20 小时，料堆上加盖覆盖物，中间翻动 2～3 次。润粮后质量要求：润透、不淋浆、无干糁、无异味、无疙瘩、手搓成面。

（3）蒸料。蒸料使用活甑桶。红糁的蒸料糊化是采用清蒸，品温在 98～99℃，从装甑到圆气需蒸足 80 分钟。

（4）加水和扬晾（晾茬）。糊化后的红糁趁热由甑中取出，泼入为原料重

量 25～29％的冷水(18～20℃)，立即翻拌使糯高粱充分吸水，即可进行通风
晾茬。

(5)下曲。红糁扬晾后加入磨粉后的大曲 9％～10％，加曲量为投粮高
粱重的 9％～10％，加曲的温度主要取决于入缸温度，因此在加曲后应立即
拌匀开始发酵。

(6)大茬入缸。所用发酵设备和一般白酒生产不同，入窖不是用窖，而
是陶瓷缸。缸埋在地下，口与地面平。每酿造 1100 千克原料需下缸 8 只。
缸间距 10～24 厘米，陶瓷缸在使用前必须用清水清洗干净，然后加入 0.4％
花椒水洗一次。大茬入缸温度一般在 10～15℃，入缸水分控制在 52.5％～
54.5％。入缸后用石板盖子盖严，大茬使用清蒸后的小米壳封口，盖上用麦
麸壳保温。

(7)发酵。要形成清香型酒所具独特风格，就要做到中温缓慢发酵。整
个过程大致分为 3 个阶段：发酵前缓期(1～7 天)，在这阶段应控制发酵温
度，是品温缓慢上升到 20～30℃；中期发酵(入缸 7～18 天)；后期发酵(19～
28 天)。在发酵过程中需隔天检查一次发酵情况，一般在入缸 1～15 天内检
查。酒醅由甜变成微苦，最后变成苦涩是发酵良好的标志。醅子会随着发酵
的作用进行逐渐下沉，下沉愈多，则产酒愈多，一般在正常情况下酒醅可以沉
下全缸深度的 1/4。

(8)出缸、蒸馏。把发酵 28 天成熟的酒醅从缸中挖出，加入为原料重量
22％～25％的辅料——糠(其中稻壳：小米糠＝60：40 或 50：50)，大茬用
辅料为总量的 70％，谷糠全部用在大茬上。二者用辅料为总用量的 30％，全
部用稻壳。翻拌均匀装甑蒸馏。辅料用量要准确。根据生产实践总结出
"轻、松、薄、匀、缓"的装甑操作，并要遵从"蒸汽二小一大""材料二干一湿"，
缓火馏酒，以免酒中杂质过多，后期酒尾再用大汽追尽余酒的原则。蒸馏操
作时，控制流酒速度为 3～4 千克/分，馏酒温度一般在 25～30℃，每甑约截
酒头 1 千克，酒度在 70 度以上，馏酒结束后，抬起排盖，敞口排酸 10 分钟。

(9)入缸再发酵。为了充分利用原料中的淀粉，提高淀粉利用率，大茬
酒醅蒸完酒后的醅子，还需继续发酵用一次，这叫作二茬。二茬整个酿酒操
作原则上和大茬相同，简述如下：首先将蒸完的酒醅视干湿情况泼加 25～39
千克冷水，然后出甑迅速加曲，待品温降到规定温度即可入缸发酵。二茬入

缸发酵使需适当将酒醅压紧，喷洒少量酒尾，使其回缸发酵，二茬发酵亦为28天。

（10）贮存、勾兑。大茬与二茬酒各具特色，经质检部门品评、化验后分级入库，在陶瓷缸中密封贮存1年以上，按不同品种勾兑为成品酒。

5.剑南春

剑南春采用糯米、大米、小麦、糯高粱、玉米五种粮食为原料，酿造时先以小麦制成中高温曲，在泥窖中固态低温发酵，而后采用续糟配料、混蒸混烧、量质摘酒、原度贮存、勾兑调味等工艺酿制完成，具有陈香幽雅、甘润飘逸、香浓清灵，饮之如珠玑在喉之感。

（1）制曲。剑南春酒酿造所用大曲是以小麦、大麦按照一定比例制作而成。原料的配比要根据季节的变化做相应调整。润粮"外软内硬"；小麦粉碎无整粒，"烂心不烂皮"；大麦粉碎应粗细均匀；加水拌料是两人对立，以水拌和均匀，达到"手捏成团不粘手"；踩曲"平、匀、光、紧"，定曲"宽窄相宜，冷紧热宽"；培菌是关键，定曲约24小时后翻第一次曲，达到"前缓、中挺、后缓落"的培菌规定，最后收堆码曲干固。

（2）出窖。剑南春酒采用"黄泥老窖、纯粮固态、续糟混蒸发酵"的独特传统酿造技艺，以糯米、大米、小麦、糯高粱、玉米五种粮食作为原料，经长期在老窖中固态发酵酿制而成。包括开窖鉴定"眼观、鼻闻"，续糟配料，配料拌和应"低翻快搅"，上甑要"轻撒匀铺、探气上甑、分层搭满"，"一长二高三适当"的工艺原则，木窖循环等精酿工艺。

（3）摘酒。蒸馏摘酒是剑南春传统酿造工艺中最重要的一道工序之一，将发酵好的固态酒醅，采用续糟混蒸法在传统甑桶中缓火蒸馏，甑内繁多物质交织在一起，各种香味物质都蒸馏于酒中。操作要领为"分段量质摘酒，掐头去尾留中间"。

（4）窖藏。窖藏是白酒传统工艺中一道重要的工序，俗话说，姜是老的辣，酒是陈的香。窖藏过程是复杂的、缓慢的物化反应过程，是传统白酒生产工艺不可缺少的工序。窖藏期的长短、窖藏容器材质的优良与否，与白酒储存后的质量密切相关。泥窖时应将四方窖边露于外面，泥好后，每天清窖一次，并经常检查窖边、窖皮，避免烧窖，为窖内正常发酵创造良好条件。

（5）贮藏。贮藏是剑南春酒传统酿造技艺中一道重要的工序。这种过程是复杂的、缓慢的理化反应过程。剑南春陈酿的酒是放在陶罐中，上用棕盖覆盖置于阴凉的房内，经过长时间缓慢的理化反应，其味更醇，其香更浓郁优雅。

6. 西凤酒

凤型酒生产以 1 年为一个周期。每年 9 月初开始生产，到第二年的 6 月停产，所有投料都要按凤型酒生产后第二年 6 月清理完毕，故存在立、破、顶、圆、插、挑六个阶段，圆窖为正常生产阶段，要生产若干轮，而立、破、顶、插、挑窖只有一排时间（图 9-5）。

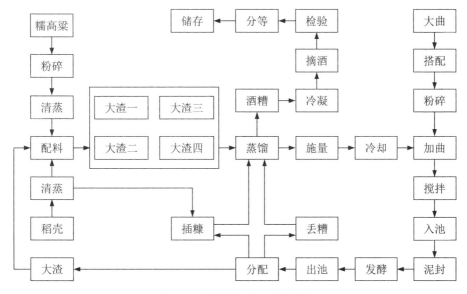

图 9-5 西凤酒生产工艺流程图

（1）立窖。即第一轮生产，窖池经过维修，糊上新泥，进行第一轮生产。特点是首轮发酵生产只有三大渣，没有插糠（回渣）、酒糟，不出酒。

（2）破窖。破窖就是第一次出酒的过程，特点是：只入池 4 甑大渣，没有插糠（回渣），第二轮发酵，首次出酒，不出酒糟。立窖酒醅经过一轮发酵以后，淀粉被微生物充分利用，产生了乙醇。破窖就是将第一次发酵的酒醅挖出，再续粮生产的过程。

（3）顶窖。是将入池4甑茬醅变为5甑的过程。特点是入池4甑大渣，一甑插糠（回渣）第三轮发酵，第二次出酒，没有丢糟。也就是第三个发酵期即第三排。破窖酒醅经过一轮发酵后，酒醅经过发酵已经不足4甑，挖出酒醅，取约1/4酒醅，放在一边，不加粮，只加辅料，留作回渣。剩余3/4酒醅续入新粮和辅料（稻壳），继续变成四甑渣醅，进行混蒸混烧，蒸完酒以后，将酒收集成65度，然后检验分等入库储存，顶窖酒比较特殊，也要单独存放，作为重要调味酒。

（4）圆窖。是指第四轮发酵过程。特点是：正常发酵阶段，入池4甑大渣，1甑插糠（回渣）蒸馏后丢掉1甑酒糟。一个窖池操作，要蒸馏6甑工作量。第三轮发酵后，窖池内已经有5甑茬醅，4甑大茬和1甑插糠（回渣），由于插糠（回渣）在最上面，先挖出，加辅料混合均蒸馏后将糟丢掉作为酒糟。剩余4甑酒醅先挖出约1/4，加入辅料，堆在一边，准备作为插糠。剩余3/4大渣酒醅，加入新粮和辅料，变成4甑大渣酒醅，蒸馏、蒸煮糊化，蒸完酒以后，再蒸约1小时，将粮蒸透。第一甑，蒸发酵后的回渣，蒸完酒扔掉酒糟。

（5）插窖。当气温等条件不适应酿酒或到了一个生产周期后，约在来年的5月，开始考虑结束本年度生产。这是凤香型白酒的一个特点，经过近一年的生产，窖底和窖壁的窖泥中乙酸菌、乳酸菌大量繁殖，造成凤型新产酒中乙酸乙酯和乳酸乙酯的含量大大增加，超过了凤型酒的限值，必须铲掉老窖泥，敷上新泥，以保持凤香型白酒的特点。插窖的特点是倒数第二排生产，不投入粮食，只蒸馏取酒，然后经过晾床操作，加上大曲，进行最后一轮发酵。

（6）挑窖。最后一轮生产。插窖酒醅经过一轮发酵后，挖出后和辅料混合均匀，装甑蒸馏，馏完酒后，将糟醅全部扔掉，不再有入池操作。特点是：最后一轮生产过程，只蒸馏酒，不加粮、不加曲，只加辅料，没有晾床操作。

7. 董酒

董酒的生产工艺流程如（图9-6）所示。

（1）原料浸泡、蒸煮。将整粒的糯高粱用90℃左右的热水浸泡8小时。投料量大约是800千克，浸泡好后放水沥干，上甑蒸粮。上汽后干蒸40分钟，再加入50℃温水焖粮，并加热使水温达到95℃左右，使原料充分吸水。糯高粱焖5～10分钟，粳高粱焖60～70分钟，使糯高粱基本上吸足水分后，放掉热水,加大蒸汽蒸 1～1.5 小时;再打开甑盖冲"阳水"20 分钟即可。

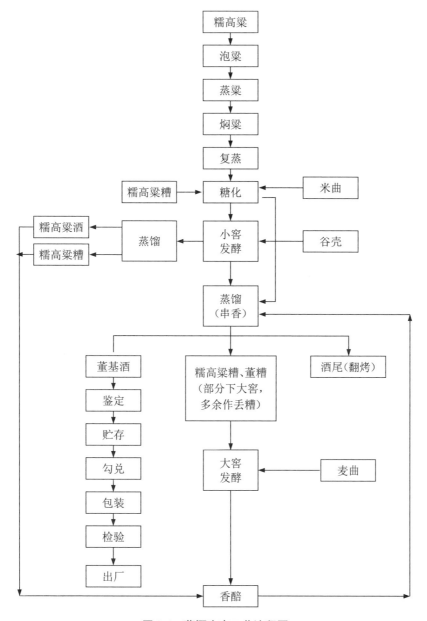

图 9-6 董酒生产工艺流程图

(2) 进箱糖化。先在糖化箱底层放一层厚为 2～3 厘米的配糟。再撒一层谷壳,将蒸好的糯高粱装箱摊平,鼓风冷却,夏天使品温降到 35℃ 以下,冬季降到 40℃ 以下即可下曲。下小曲量为投料量的 0.5% 左右,分 2 次加入,每次拌匀,不得将底糟拌起。拌后摊平,四周留一道宽 18 厘米的沟,放入热配糟,以保持箱内温度。糯高粱约经 26 小时,粳高粱约经 32 小时,即可完全糖化。糖化温度,糯高粱不超过 40℃,粳高粱不超过 42℃。配糟加入量,大班 1800 千克,小班 900 千克,粮醅比为 1:(2.3~2.5)。

(3) 入池发酵。将箱中糖化好的醅子翻拌均匀,摊平,并鼓动冷却。夏季品温尽量降低,冬季品温冷至 29~30℃ 后,即可入窖发酵。入窖后将醅子踩紧,顶部盖封,发酵 6~7 天。发酵过程中控制品温不得超过 40℃。

(4) 制香醅。先扫净窖池,窖壁不得长青霉菌。取隔天高粱糟、董酒糟,以及大窖发酵好的香醅按比例配好,再按高粱投料量的 10% 加入大曲粉拌匀,堆好。夏天当天下窖,耙平踩紧。冬季先下窖堆积 2~3 天,或在晾堂上堆积 2~3 天,其目的是培菌。第 2 天将已升温的醅子耙平踩紧,1 个大窖需几天才能装满。其间每 2~3 天回酒 1 次,每个大窖约回 60 度的高粱酒 350 千克左右,下糟 15000 千克左右。窖池装满后,用拌有黄泥的稀煤封窖,密封发酵 10 个月以上,即制成大曲香醅。

(5) 蒸酒。从窖中挖出发酵好的小曲酒,拌入适量谷壳(大班每甑拌谷壳 12 千克),分 2 甑蒸酒。应缓汽装甑,先上好小曲酒醅,再在小曲酒醅上盖大窖发酵好的香醅(大班 700 千克),并拌入适量的谷壳,上甑后盖上甑盖蒸酒。掐头 2~3 千克,摘酒的酒精度为 60.5~61.5,特别好的酒可摘到 62~63 度。再经品尝鉴定,验收,分级贮存,1 年后即可勾兑包装出厂。

第二节　糯高粱米食疗保健

随着我国人们生活水平的日益提高,人们对肉、蛋、奶的食用量也随之增多,导致三高(高血压、高血脂、高血糖)人群比例逐年扩大。国家提出了大健康的要求,首先是从食物结构上调整,由吃精米白面调整为五谷杂粮配合食用。现在通常说的五谷是指稻米、麦子、高粱、玉米、大豆,而习惯地将米和面以外的粮食称作杂粮。糯高粱就是杂粮中的精品。

一、糯高粱食疗效果

糯高粱属于五谷杂粮。五谷杂粮养生，重在合理搭配，均衡营养。早在《黄帝内经》中就提出了"五谷为养，五果为助，五畜为益，五菜为充，气味合而服之，以补精益气"的饮食调养原则，同时也说明了五谷杂粮在饮食中的主导地位。

五谷杂粮除了是我国人们的主食、果腹的良伴、活力的主要来源外，对人体也有很多益处。五谷杂粮中的营养素非常丰富，其中的纤维素与矿物质是普通白米的数倍，而包含的维生素 A、维生素 B_1、维生素 B_2、维生素 C、维生素 E 等维生素和钙、钾、铁、锌等微量元素，更是丰富。五谷杂粮是膳食纤维的主要来源，许多五谷杂粮拥有大量膳食纤维，能促进肠道蠕动、降低胆固醇及"三高"。

糯高粱米一般具有补充营养、促进消化、提高免疫力、辅助保护牙齿、降血压等功效与作用，但要注意适量食用。

（一）补充营养

糯高粱米中含有丰富的蛋白质、膳食纤维、维生素、叶酸、钾、磷、钙等营养成分，适量食用可以为人体补充所需要的营养物质，还可以促进新陈代谢，有利于身体健康。

（二）促进消化

糯高粱米中含有丰富的膳食纤维，可以促进胃肠道蠕动，有利于食物的消化与吸收，具有促进消化、防止血糖上升的功效。如果患者存在积食、便秘等情况，可以适量食用糯高粱米，有利于改善不适症状。

（三）提高免疫力

糯高粱米中含有丰富的赖氨酸、色氨酸等营养成分，患者适量食用可以为人体补充所需要的营养物质，还能促进大脑神经的发育，在一定程度上提高人体的免疫力。

（四）辅助保护牙齿

糯高粱米中含有丰富的钙元素，可以促进牙齿和骨骼的生长，在一定程度上可以达到预防骨质疏松的效果，也可以达到辅助保护牙齿的目的。

（五）维护心脑血管病

糯高粱米中含有丰富的钾、镁等营养成分，镁能立即被身体消化吸收和利用。有预防脑血管疾病功效，能加速人体内游离脂肪酸融解，也可以提高身体的抗凝血工作能力，还能推动血液循环系统，避免心率、血糖上升，对静脉血栓、脑中风和心肌梗死等症状都是有显著预防功效。

二、糯高粱米食用方法

糯高粱米所含的营养素，是人体必需的营养素。其营养成分为每 100 克糯高粱米含蛋白质 10.4 克、脂肪 3.1 克、碳水化合物 74.7 克、膳食纤维 4.3 克、维生素 B_1（硫胺素）0.29 毫克、维生素 B_2（核黄素）0.10 毫克、维生素 E 1.88 毫克、矿物质钙 22 毫克、锌 1.64 毫克、钠 6.3 毫克、钾 281 毫克、锰 1.22 毫克。

食用糯高粱米，最好选用白色籽粒品种和单宁含量低的品种。糯高粱脱粒晒干后，将籽粒外壳脱掉，加工成糯高粱米或面粉，再根据食用需要，可制作成糯高粱饭、糯高粱粥、糯高粱面条、糯高粱薄饼、糯高粱糍粑等。

（一）糯高粱米饭

做糯高粱米饭与大米饭的方法一样，由于糯高粱米相对于大米要硬一些，做饭时可将糯高粱米浸泡半个小时，然后放入电饭煲中，适量多加一点水，蒸煮时间稍长一点。

（二）糯高粱米粥

以糯高粱米为主，可搭配多种食料，如糯高粱米与红小豆，糯高粱米与红薯、南瓜，糯高粱米与白木耳，糯高粱米与红枣，糯高粱米与枸杞等。

（三）糯高粱米糍粑

像做糯米糍粑一样，先将糯高粱米蒸熟，然后再打成糍粑。

（四）糯高粱面条

把糯高粱米加工成面粉，可与小麦面粉按 1：1 的比例，混配均匀，制作成面条。

（五）糯高粱黏糕

像制作大米、白面发糕一样，把糯高粱粉加适量发酵粉，混配均匀后兑适量水，待面团发起后放入蒸锅里。

（六）糯高粱薄饼

把糯高粱粉兑水加适量盐搅成面浆，把锅里放入少量的食用油，等锅油烧热后，将糯高粱面浆淋入锅中，边淋边用锅铲抹平整薄。这种方法可以工业化生产销售。

第三节　糯高粱茎秆综合利用

糯高粱茎秆有鲜茎秆和干茎秆，鲜茎秆中含有丰富的营养物质，可作为养畜的青贮饲料；干茎秆纤维素比较硬，可作为工艺品的原材料；穗颈节可制作帚把等。

一、鲜茎秆青贮养畜

据湖北省产品质量监督检验研究院鄂州分院，2023 年对恩施市、建始县、神农架林区、仙桃市等糯高粱籽粒成熟后的茎秆营养成分的测定结果：糯高粱红樱子、红糯 16 等品种，平均茎秆粗蛋白含量 2.83%，粗纤维含量 21.45 克/100 克，粗灰分含量 3.23%，微量元素含量钙 0.464%，总磷 0.14%。

二、干茎秆可造纸和制板材

（一）茎秆造纸

糯高粱茎秆中含有 14%～18% 的纤维素，是造纸的优质原料。由纤维素组成的细胞壁，中间空，两头尖，细胞呈纺锤形或梭形，称纤维细胞。纤维细胞越细越长并富有挠曲性和柔韧性，越适于作造纸原料。糯高粱秆的纤维细胞长度与宽度之比优于芦苇、甘蔗渣，相当于稻、小麦茎秆，而仅次于龙须草。因此，糯高粱茎秆造纸的利用价值是较高的。

（二）茎秆制板材

糯高粱茎秆有各种色泽、花纹，用糯高粱茎秆压制的板材，表现自然、古朴、美观、大方。用糯高粱板材设计、制作的家具，或装饰住房，使人有一种回归大自然的感觉，深受人们的喜爱。糯高粱板材质地轻，强度大，与常用的木质板材比较，隔热性好，用途广泛。用糯高粱茎秆制作板材可节省大量木材，能有效保护森林资源。

三、糯高粱穗荛（花序）制笤帚

糯高粱穗荛（花序）可制作笤帚。高秆品种的穗荛比较长，如红缨子品种，株高3米左右，穗荛长35厘米，穗颈节长50厘米，脱粒后是制笤帚的好材料；红糯16号，穗长30厘米，穗颈节长30厘米，脱粒后是制作笤帚的好材料。

据湖北省竹山县对糯高粱穗荛的开发利用实践，每公顷糯高粱的穗荛可制作笤帚3000把，每把15元，可增收4.5万元。

附录
酿酒糯高粱生产技术规程

第 1 部分:糯高粱单作育苗移栽

1 范围

本文件规定了酿酒糯高粱单作育苗移栽生产的产地环境、播前准备、育苗移栽、大田管理、病虫防治、采收与贮藏、操作记录。

本文件适用于湖北西部山区海拔 1200m 以下区域酿酒糯高粱单作育苗移栽的生产和管理。

2 规范性引用文件

下列文件中的内容通过文中的规范性引用而构成本文件必不可少的条款。其中,注日期的引用文件,仅该日期对应的版本适用于本文件;不注日期的引用文件,其最新版本(包括所有的修改单)适用于本文件。

GB 4404.1 粮食作物种子第 1 部分:禾谷类

GB/T 8321(所有部分) 农药合理使用准则

GB 13735 聚乙烯吹塑农用地面覆盖薄膜

NY/T 391 绿色食品 产地环境质量

NY/T 394 绿色食品 肥料使用准则

NY/T 658 绿色食品 包装通用准则

NY/T 1056 绿色食品 贮藏运输准则

3 术语和定义

下列术语和定义适用于本文件。

酿酒糯高粱 wine-making glutinous sorghum

籽粒中总淀粉含量≥60%,支链淀粉占总淀粉比≥90%,蛋白质含量

7%～10%,单宁含量1.2%～2%,适用于白酒酿造的糯高粱。

4 产地环境

农田灌溉水水质要求、土壤环境质量要求应符合 NY/T 391 规定。

5 播前准备

5.1 品种选择

5.1.1 品种

选择适宜本地种植,果穗散穗或中散穗型,产量较高,品质优良,抗逆性强,符合白酒酿造的糯高粱品种。

5.1.2 备种

每 667m² 大田备种 0.5kg～1kg,种子质量应符合 GB 4404.1 的规定。

5.1.3 种子处理

播种前将种子摊至竹、木制品上晒种 1d～2d 后,使用种衣剂进行种子包衣,或使用杀虫剂、杀菌剂拌种,阴干后播种,随拌随用。

5.2 地块选择

5.2.1 选地

宜选择土层深厚、疏松、肥沃,土壤有机质含量丰富,保水保肥能力较强,中性至微酸性,且光照充足、排灌便利、运输方便地块。

5.2.2 大田耕整

5.2.2.1 耕地

冬季翻耕炕土,耕地深度 20cm～25cm。

5.2.2.2 整地

播种前用微耕机旋耕碎土,按 110cm～120cm 宽开沟起垄,垄宽 90cm～100cm,沟宽 20cm～30cm,垄高 20cm～25cm,垄面呈龟背形。

5.3 基肥

起垄前条施底肥,再起垄覆土,每 667m² 施农家肥 1000kg～1500kg 或商品有机肥 100kg～150kg,复合肥(N-P₂O₅-K₂O 为 15-15-15 或 20-10-15)30kg～35kg。肥料的使用应符合 NY/T 394 的规定。

6 育苗移栽

6.1 播种时期

5cm 地温稳定通过 10℃～12℃即可播种,4月上旬至5月上旬为宜。

6.2　育苗方式与播种

6.2.1　塑盘育苗

备好苗床,选用 105 孔、128 孔塑料盘,每 667m² 备盘 40 个,将草炭、珍珠岩、蛭石(2∶1∶1)育苗基质浇水混拌均匀,湿度达到手握成团后装入塑料盘孔内,每孔播 4 粒～5 粒,播种后覆盖基质、压平,将播好种子的穴盘整齐摆放到苗床上,喷施适量清水。

6.2.2　营养块(钵)育苗

6.2.2.1　播种前 15d～20d,每 1m³ 过筛细土加生物有机肥 50kg～100kg、97％硫酸锌肥 0.5kg、0.12％噻虫嗪颗粒剂 0.1kg,堆腐发酵培肥,制成营养土。

6.2.2.2　营养块育苗按照 1∶60 的比例准备苗床,将营养土浇适量水,平铺于苗床上,厚 5cm～6cm,刮平压实,切成边长 5cm 的营养块,每个营养块打孔后播种 4 粒～5 粒,盖厚 0.5cm 的细土,喷施适量清水。

6.2.2.3　营养钵育苗备好苗床,将营养土浇适量水混拌均匀,制作营养钵,每 667m² 备足 3500 个～4000 个营养钵,每个营养钵播种 4 粒～5 粒,盖厚 0.5cm 的细土,喷施适量清水。

6.2.3　肥床育苗

肥床育苗按 1∶30 的比例准备苗床,播种前 3d～5d 平整苗床,苗床宽110cm～120cm,四周作埂高 15cm～20cm,耙平中间床土,清除土块和杂质,每 1m³ 撒施复合肥(N-P_2O_5-K_2O 为 15-15-15 或 20-10-15)30g,与床土混匀,或浇施稀粪水培肥苗床土。播种时将种子均匀播撒于厢面,盖厚 0.5cm 的细土,喷施适量清水。

6.3　覆盖薄膜

播种后先平铺一层薄膜,再扎竹弓覆盖拱膜保温保湿,出苗后及时揭除平铺薄膜,只盖拱膜。农用地膜的使用应符合 GB 13735 的规定。

6.4　苗床管理

6.4.1　保温

棚内温度宜在 15℃～30℃,高于 30℃时,揭开拱棚两端薄膜,苗床过长的还应在拱棚中间位置揭开地膜,通风换气。通风口晴天早开迟闭,阴天迟开早闭。

6.4.2 保湿

苗床土壤发白时,要早或晚浇水,保持土壤湿润。

6.4.3 追肥

幼苗 2.5 叶期追施速效肥,可浇施稀粪水或喷施 2% 的尿素水溶液。

6.5 移栽

6.5.1 起苗

营养块育苗苗龄 5 叶时,肥床育苗苗龄 5 叶～6 叶时起苗移栽,起苗时防止伤根,除去病苗、弱苗。起苗前 1d 用杀虫剂、杀菌剂及叶面肥混合液喷施送嫁药肥。

6.5.2 移栽

按宽窄行双行种植,采取条穴定距移栽,垄内行距 35cm～40cm,垄间行距 80cm～85cm,穴距 30cm～33cm,穴数 3500 穴/667m² ～4000 穴/667m²,每穴 2 株～3 株壮苗,苗数 9000 株/667m² ～12000 株/667m²。移栽时注意根肥隔离、扶正栽直,栽后浇足定根水。

7 大田管理

7.1 查苗补苗

移栽后 1 周内及时进行查苗补苗。

7.2 追肥

移栽后 15d～20d,看苗追肥,每 667m² 可施用 5kg～7.5kg 尿素;拔节至孕穗期追施穗肥,每 667m² 施用 10kg～20kg 复合肥(N-P_2O_5-K_2O 为 15-15-15 或 20-10-15)。

7.3 抗旱浇水

移栽后若遇干旱,应及时灌溉保墒。

7.4 清沟排渍

移栽后若遇水涝,要及时清沟排渍,避免渍水烂根。

7.5 中耕培土

拔节至孕穗期结合追肥进行中耕培土,全面清理垄沟,中耕深度 5cm～6cm,培土高度 6cm～8cm。

7.6 除草

查苗补苗后,可选用 40% 二氯喹啉酸・莠去津悬浮剂等除草剂茎叶喷雾防除一年生杂草,也可在苗期、拔节至孕穗期结合中耕培土,人工锄掉田间杂草。

8 病虫防治

8.1 主要病虫

高粱主要病虫有黑穗病、大小斑病、紫斑病、炭疽病、地老虎、螟虫、蚜虫、芒蝇等。

8.2 防治原则

坚持"预防为主,综合防治"的原则,注重绿色防控与统防统治,优先采用农业防治、物理防治和生物防治,科学合理使用化学防治。

8.3 防治方法

主要病虫害防治时期及方法参考附录 A,不应在高粱田及其周边田块使用有机磷类农药,以防产生药害。农药使用应符合 GB/T 8321 的规定。

9 采收与贮藏

9.1 适时采收

9.1.1 人工采收

高粱穗籽粒 85% 达到蜡熟末期,呈现该品种固有形状和色泽时,抢晴天及时收获。先将植株割倒,再割取穗子运回晒场人工或机械脱粒。

9.1.2 机械采收

高粱穗籽粒 95% 以上成熟时,使用收割机收割脱粒,并将秸秆粉碎还田。

9.2 籽粒晾晒

晒干或用干燥设备低温(温度≤40℃)烘干至含水量≤14%。

9.3 包装贮藏

用粮食筛选设备筛除包壳、不完善粒、杂质后,在干燥场所用塑料编织袋等防潮物品包装贮藏。包装贮藏应符合 NY/T 658、NY/T 1056 的规定。

10 操作记录

操作均应有相应的记录,可参照附录 B。

附录 A

（资料性）

酿酒糯高粱主要病虫防治时期及方法

表 A 给出了酿酒糯高粱主要病虫害防治时期及方法。

表 A 酿酒糯高粱主要病虫防治时期及方法

病虫名称	防治时期	防治方法
苗期病害、黑穗病	播种前	1. 播种前晒种 1d～2d。 2. 晒种后用 6％戊唑醇悬浮种衣剂 1ml/kg～1.5ml/kg 种子包衣,或用 50％多菌灵可湿性粉剂以种子质量的 0.3％拌种
地下害虫	播种前、施基肥	1. 晒种后用 60％吡虫啉悬浮种衣剂 2ml/kg～6ml/kg 种子包衣或 30％噻虫嗪悬浮剂以种子质量的 0.2％拌种。 2. 用 2 亿孢子/g 金龟子绿僵菌 CQMa421 颗粒剂 3kg/667m²～4.5kg/667m² 或 0.5％噻虫胺颗粒剂 4kg/667m²～5kg/667m² 顺垄撒施起垄覆土
大小斑病、紫斑病、炭疽病	小喇叭口期、大喇叭口期	用 30％苯甲·嘧菌酯悬浮剂 30ml/667m²～50ml/667m² 或 30％肟菌酯·戊唑醇悬浮剂 36ml/667m²～45ml/667m² 叶面喷雾
螟虫、蚜虫、芒蝇	小喇叭口期、大喇叭口期	1. 用 8000IU/μl 苏云金杆菌悬浮剂 150ml/667m²～200ml/667m² 加细沙灌心叶。 2. 用 40％氯虫·噻虫嗪水分散粒剂 8g/667m²～10g/667m² 或 14％氯虫·高效氯氟氰菊酯微囊悬浮-悬浮剂 10ml/667m²～20ml/667m² 叶面喷雾

附录B
（资料性）
酿酒糯高粱农事操作记录表

表B给出了酿酒糯高粱农事操作记录。

表B 酿酒糯高粱农事操作记录表

日期	产地	农事项目	操作内容	操作人员	备注

第 2 部分：糯高粱套种马铃薯

1 范围

本文件规定了酿酒糯高粱套种马铃薯生产的种植技术、病虫草害防治、收获与贮藏、操作记录。

本文件适用于湖北西部山区海拔 1200m 以下区域酿酒糯高粱套种马铃薯的生产和管理。

2 规范性引用文件

下列文件中的内容通过文中的规范性引用而构成本文件必不可少的条款。其中，注日期的引用文件，仅该日期对应的版本适用于本文件；不注日期的引用文件，其最新版本（包括所有的修改单）适用于本文件。

GB/T 4404.1 粮食作物种子 第 1 部分：禾谷类

GB/T 8321（所有部分） 农药合理使用准则

GB 18133 马铃薯种薯

NY/T 394 绿色食品 肥料使用准则

NY/T 1056 绿色食品 贮藏运输准则

NY/T 3034 土壤调理剂 通用要求

NY/T 391 绿色食品 产地环境质量

3 术语和定义

本文件没有需要界定的术语和定义。

4 种植技术

4.1 茬口安排

糯高粱套种马铃薯的马铃薯于 12 月中旬至翌年 2 月下旬播种，糯高粱于翌年 4 月上旬至 5 月上旬在马铃薯预留行中移栽。

4.2 品种选择

马铃薯选择早中熟、株型直立、抗病、高产的已登记品种；糯高粱选择适宜本地种植，果穗散穗或中散穗型，产量较高，品质优良，抗逆性强，符合白酒酿造的品种。种子（种薯）质量应符合 GB18133、GB 4404.1 和 GB 4404.2 的规定。

4.3　耕整地

前茬作物收获后及时灭茬,深翻20cm～25cm,播种前碎土整平。

4.4　带状复合种植

按带宽260cm、马铃薯带面宽(包沟)170cm,分成2垄种植,每垄种植2行,垄上行距30cm,穴距25cm～30cm,垄间距55cm;糯高粱带面宽(包沟)90cm,起垄种植2行,垄上行距40cm,穴距30cm～33cm,每穴2株～3株;糯高粱与马铃薯的间距50cm(图1)。

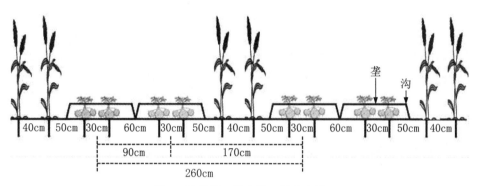

图1　马铃薯—糯高粱田间分布图

4.5　糯高粱育苗

糯高粱育苗方式与播种按照《酿酒糯高粱生产技术规程　第1部分:糯高粱单作育苗移栽》中操作。

4.6　施肥

以基肥为主,追肥为辅,看苗补施叶面肥。肥料的使用应符合NY/T394的规定。

4.6.1　马铃薯施肥

4.6.1.1　基肥

每667m² 施马铃薯专用配方肥(N-P₂O₅-K₂O＝15-10-20或相近配方)50kg～60kg和商品有机肥100kg～150kg,或有条件的每667m² 施腐熟农家肥1000kg～1500kg,酸化土壤每667m² 施土壤调理剂20kg,条施基肥后用机械或人工起垄。土壤调理剂施用符合NY/T 3034的要求。

4.6.1.2　追肥

马铃薯齐苗期,结合除草培土追施提苗肥,每667m² 施尿素7.5kg～

10kg;现蕾初期,除草培土施蕾肥,每 667m² 施硫酸钾 5kg~7.5kg,追肥施于两穴之间;薯块膨大期,每 667m² 用 50g~100g 磷酸二氢钾兑水 30kg 叶面喷施 1 次。

4.6.2　糯高粱施肥

4.6.2.1　基肥

起垄前条施底肥,再起垄覆土,每 667m² 施农家肥 1000kg~1500kg 或商品有机肥 100kg~150kg,复合肥(N-P₂O₅-K₂O 为 15-15-15 或 20-10-15)30kg~35kg。肥料的使用应符合 NY/T 394 的规定。

4.6.2.2　追肥

移栽后 15d~20d,看苗追肥,每 667m² 可施用 5kg~7.5kg 尿素;拔节至孕穗期追施穗肥,每 667m² 施用 10kg~20kg 复合肥((N-P₂O₅-K₂O 为 15-15-15 或 20-10-15)。

4.7　抑苗控旺

马铃薯发棵期每 667m² 用 5% 烯效唑可湿性粉剂 20g~30g 兑水 20kg~30kg 分别喷施 1 次。

5　病虫草害防治

5.1　主要病虫害

马铃薯主要防治晚疫病、病毒病、青枯病、地下害虫等;高粱主要病虫有黑穗病、大小斑病、紫斑病、炭疽病、地老虎、螟虫、蚜虫、芒蝇等。

5.2　防治原则

坚持"预防为主,综合防治,绿色防控"的原则,优先采用农业防治、物理防治和生物防治,合理使用化学防治。

5.3　防治方法

马铃薯病毒病主要通过推广使用脱毒种薯。草害防治采取隔离茎叶定向喷雾防除马铃薯和高粱间杂草,避免产生药害。马铃薯、高粱病虫草害化学防治方法参照附录 A、附录 B 并符合 GB/T 8321(所有部分)的要求。

6　收获与贮藏

6.1　收获

马铃薯待田间 2/3 的植株叶片变黄时抢晴收获,亦可根据市场价格,抢早收获上市,收获的块茎放在阴凉处遮光薄摊 5d~7d,不能暴晒和雨淋,表皮干燥后,剔除杂质和不合格的块茎。糯高粱穗籽粒 85% 达到蜡熟末期,呈现该品种固有形状和色泽时,抢晴天及时收获。

6.2 贮藏

糯高粱和马铃薯贮藏符合 NY/T 1056 的要求。

附录 A

（资料性）

酿酒糯高粱主要病虫防治时期及方法

病虫名称	防治时期	防治方法
苗期病害、黑穗病	播种前	1. 播种前晒种 1d～2d。 2. 晒种后用 6％戊唑醇悬浮种衣剂 1ml/kg～1.5ml/kg 种子包衣，或用 50％多菌灵可湿性粉剂以种子质量的 0.3％拌种
地下害虫	播种前、施基肥	1. 晒种后用 60％吡虫啉悬浮种衣剂 2ml/kg～6ml/kg 种子包衣或 30％噻虫嗪悬浮剂以种子质量的 0.2％拌种。 2. 用 2 亿孢子/g 金龟子绿僵菌 CQMa421 颗粒剂 3kg/667m²～4.5kg/667m² 或 0.5％噻虫胺颗粒剂 4kg/667m²～5kg/667m² 顺垄撒施起垄覆土
大小斑病、紫斑病、炭疽病	小喇叭口期、大喇叭口期	用 30％苯甲·嘧菌酯悬浮剂 30ml/667m²～50ml/667m² 或 30％肟菌酯·戊唑醇悬浮剂 36ml/667²～45ml/667m² 叶面喷雾
螟虫、蚜虫、芒蝇	小喇叭口期、大喇叭口期	1. 用 8000IU/μl 苏云金杆菌悬浮剂 150ml/667m²～200ml/667m² 加细沙灌心叶。 2. 用 40％氯虫·噻虫嗪水分散粒剂 8g/667m²～10g/667m² 或 14％氯虫·高效氯氟氰菊酯微囊悬浮-悬浮剂 10ml/667m²～20ml/667m² 叶面喷雾

附录 B

（资料性）

马铃薯主要病虫草害防治参考表

病虫草害名称	药物主要活性成分	防治时期
晚疫病	1. 70％代森锰锌可湿性粉剂 2. 60％吡唑·代森联水分散粒剂 3. 68.75％氟吡菌酰胺·霜霉威悬浮剂 4. 31％噁唑菌酮·氟噻唑吡乙酮悬浮剂 5. 40％霜脲·氰霜唑水分散粒剂 6. 43％霜脲氰·双炔酰菌胺水分散粒剂 7. 52.5％噁唑菌酮·霜脲氰水分散粒剂	苗期至成熟期（具体结合湖北省马铃薯晚疫病监测预警预报防治）
早疫病	1. 10％苯醚甲环唑水分散粒剂 2. 25％嘧菌酯悬浮剂	幼苗期、块茎形成期
地下害虫	1.5％辛硫磷颗粒剂	播种期
青枯病	1. 生石灰 2. 40％噻唑锌悬浮剂 3. 33％春雷·喹啉铜悬浮剂 4. 20％噻菌铜悬浮剂 5. 3％中生菌素可湿性粉剂	幼苗期、块茎形成期
草害	96％精异丙甲草胺乳剂	播后芽前

附录 C
（资料性）
糯高粱套种马铃薯农事操作记录表

日期	产地	农事项目	操作内容	操作人员	备注

第3部分:糯高粱复种油菜/小麦

1 范围

本文件规定了酿酒糯高粱复种油菜/小麦生产的产地环境、播前准备、机械播种、大田管理、病虫防治、采收与贮藏、操作记录。

本文件适用于湖北省平原、岗地和丘陵地区酿酒糯高粱复种油菜/小麦的生产和管理。

2 规范性引用文件

下列文件中的内容通过文中的规范性引用而构成本文件必不可少的条款。其中,注日期的引用文件,仅该日期对应的版本适用于本文件;不注日期的引用文件,其最新版本(包括所有的修改单)适用于本文件。

GB 4404.1 粮食作物种子 第1部分:禾谷类

GB/T 8321(所有部分) 农药合理使用准则

NY/T 391 绿色食品 产地环境质量

NY/T 394 绿色食品 肥料使用准则

NY/T 658 绿色食品 包装通用准则

NY/T 1056 绿色食品 贮藏运输准则

3 术语和定义

本文件没有需要界定的术语和定义。

4 产地环境

农田灌溉水水质要求、土壤环境质量要求应符合NY/391规定。

5 播前准备

5.1 品种选择

5.1.1 品种

选择适宜本地种植,果穗散穗型或中散穗型,产量较高,品质优良,抗逆性强,符合白酒酿造的糯高粱品种。

5.1.2 备种

每667m² 大田备种0.5kg～0.75kg,种子质量应符合GB 4401.1的规定。

5.1.3 种子处理

播种前将种子摊至竹、木制品上晒种 1d～2d 后,选择籽粒饱满、无病粒破粒的种子,使用种衣剂进行包衣,或使用杀虫剂、杀菌剂拌种,阴干后播种,随拌随用。

5.2 地块选择

5.2.1 选地

宜选择地势较平坦、适宜机械操作,土层深厚、疏松、肥沃,土壤有机质含量丰富,保水保肥能力较强,中性至微酸性,且光照充足、排灌通畅、运输便利的地块。

5.2.2 大田耕整

5.2.2.1 耕地

前茬作物收获后,适墒耕地,深度 20cm～25cm。

5.2.2.2 整地

播种前翻耕后,旋耕 2 次,将厢面土壤整平整细并开好围沟、腰沟和厢沟,做到沟沟相通。按 480cm～500cm 宽开沟定厢,厢沟宽 20cm～25cm,深 20cm～25cm;围沟与腰沟宽 25cm～30cm,深 25cm～30cm。

5.3 基肥

基肥一般使用有机肥和复合肥,耕整地前每 667m² 撒施有机肥 1000kg～1500kg,播种时,选择种肥同播机,每 667m² 施复合肥(N-P$_2$O$_5$-K$_2$O 为 15-15-15 或 20-10-15)40kg～50kg。肥料的施用应符合 NY/T 394 的规定。

6 机械播种

6.1 播种时期

油菜/小麦收获后及时整地,趁墒或造墒播种,5 月中旬至 6 月上旬为宜。

6.2 机械播种

糯高粱播种:选择播种量和株行距均可调控的种肥同播机,播种行距 50cm～60cm,株距 12cm～15cm,每 667m² 穴数 8000 穴～11000 穴,穴播 1 粒～2 粒。播种后压平厢面,清理厢沟、围沟与腰沟。

7 大田管理

7.1 查苗补种

播种后 5d～7d,检查田间出苗,发现缺苗断垄的,及时进行补种浇水。

7.2　除草

7.2.1　苗前化学除草

糯高粱播种后,宜选用异甲·莠去津,每 667m² 使用药剂量 150ml～200ml,兑水 50kg～60kg 喷施地面。

7.2.2　苗后化学除草

可选用氯氟吡氧乙酸、喹草酮、二氯喹啉酸和莠去津复配剂。

糯高粱播种后可选用二氯喹啉酸·莠去津悬浮剂等封闭化除,按照药剂使用量规格施用。封闭除草在播种后 2d 内完成。

7.3　追肥

糯高粱苗龄 6 叶～8 叶,每 667m² 可施用尿素 8kg～10kg。

7.4　抗旱浇水

抽穗扬花期,遇到干旱,及时顺厢沟灌水,厢面土壤湿润后随即排水。

7.5　清沟排渍

遇连续阴雨天气,及时疏沟排水,做到雨停沟内不积水,防止渍涝。

8　防治病虫

8.1　主要病虫

糯高粱主要病虫有紫斑病、纹枯病,黏虫、玉米螟、蚜虫等。

8.2　防治原则

坚持"预防为主,综合防治"的原则,注重绿色防控与统防统治,优先采用农业防治、物理防治和生物防治,科学合理使用化学药剂。

8.3　防治方法

主要病虫防治时期及方法参考附录 A,不在糯高粱田及周边田块使用有机磷类农药,以防产生药害。农药使用应符合 GB/T 8321 的规定。

9　收获与贮藏

9.1　适时收获

糯高粱籽粒 95％以上蜡熟时,使用联合收割机收割脱粒。收获籽粒后,根据土壤状况及秸秆应用目的,选用不同的秸秆处理方法。秸秆需收集利用的可选择秸秆切碎回收机收集后送至所需场所,秸秆还田的使用秸秆粉碎抛洒机将秸秆粉碎后直接还田。

9.2 籽粒干燥

机收的糯高粱，及时晒干或用干燥设备低温(温度≤40℃)烘干至含水量≤14％。

9.3 筛选除杂

用粮食筛选设备筛除籽粒包壳、杂质、不完善粒。

9.4 包装贮藏

筛选后的糯高粱籽粒，在干燥场所用塑料编织袋等防潮物品定量包装后贮藏。包装贮藏符合 NY/T 658、NY/T 1056 的规定。

10 操作记录

糯高粱从种到收获贮藏，全程操作均要有相应的记录，可参照附录 B。

附录 A

（规范性）

糯高粱主要病虫防治时期及防治方法

病虫名称	防治时期	防治方法
紫斑病	小喇叭口期、大喇叭口期	用80％代森锰锌可湿性粉剂150g/667m² 叶面喷雾
纹枯病	小喇叭口期、大喇叭口期	用5％井冈霉素水剂150ml/667m² 叶面喷雾
黏虫、玉米螟	小喇叭口期、大喇叭口期	用200g/L氯虫苯甲酰胺5ml/667m² 叶面喷雾，或用5％甲氨基阿维菌素苯甲酸盐20悬浮剂10g/667m² 叶面喷雾
蚜虫	小喇叭口期、大喇叭口期	用10％吡虫啉可湿性粉剂20g/667m² 叶面喷雾

附录B
（资料性）
糯高粱生产、贮藏操作记录

日期	产地	生产、贮藏事项	操作内容	操作人员	备注

参 考 文 献

［1］卢庆善,邹剑秋.高粱学［M］.2 版.北京:中国农业出版社,2023.

［2］邹剑秋.辽宁高粱［M］.北京:中国农业科学技术出版社,2021.

［3］中华农业科教基金会.农业生物种及文化传承［M］.北京:中国农业出版社,2016.

［4］农作物业编辑委员会.当代中国的农作物业［M］.北京:中国社会科学出版社,1988.

［5］赵甘霖,丁国祥.四川高粱研究与利用［M］.北京:中国农业科学技术出版社,2016.

［6］丁国祥,赵甘霖,何希德.高粱栽培技术集成与应用［M］.北京:中国农业科学技术出版社,2010.

［7］高广金,许贵明,江良才.现代粮食作物绿色生产技术［M］.武汉:湖北科学技术出版社,2023.

［8］黄善香.中国种植养殖技术百科全书［M］.海口:南方出版社,1999.

［9］中华人民共和国农业部市场信息司.中国农业农村经济统计资料(1949—1996)［M］.北京:中国农业出版社,1997.

［10］国家统计局农村社会经济调查司.中国农村统计年鉴(2022)［M］.北京:中国统计出版社,2022.

［11］湖北农村统计年鉴编辑委员会.湖北农村统计年鉴(1992—2022)［M］.北京:中国统计出版社,2022.

［12］张福耀,平俊爱.高粱的起源,驯化与传播［J］.陕西农业科学,2022,4(068):82-87.

［13］刘晨阳,张蕙杰,辛翔飞.中国高粱产业发展特征及趋势分析［J］.中国农业科技导报,2020,22(10):1-9.

［14］桂松,牛静,胡建.中国高粱产业发展现状分析［J］.农业与技术,2019,39(1).

［15］李顺国,刘猛,刘斐,等.中国高粱产业和种业发展现状与未来展望［J］.中国农业科学,2021,54(3):471-482.

［16］邹剑秋,王艳秋,柯福来.高粱产业发展现状及前景展望[J].山西农业大学学报,2020,40(3).

［17］乔慧琴,白文斌,马宏斌,等.高粱联合收获技术研究进展[J].现代农业科技,2013,24:217-218.

［18］段有厚,卢峰.发挥高粱产业优势,促进辽宁农业发展[J].农业发展,2017,6:17-18.

［19］卢秀霞,石晓瑛.甘肃省高粱产业优势及发展对策[J].甘肃农业科技,2021,1:81-85.

［20］王立新,谢婷,樊艳,等.贵州毕节酒用高粱产业高质量发展探讨[J].中国种业,2023,3:71-74.

［21］刘锰,吕芃,夏雪岩,等.河北省高粱产业现状及发展趋势[J].农业展望,2019,10:64-68,75.

［22］卢峰,邹剑秋,朱凯,等.积极应对高粱进口剧增,稳定我国高粱产业发展[J].农业经济,2015,11:124-125.

［23］邹剑秋.基于1961—2020年FAO数据的世界高粱产业分析[J].山西农业大学学报,2023,43(1):1-10.

［24］徐鹏,李春宏,左文霞,等.江苏省酿酒高粱产业现状与发展趋势[J].江苏农业科学,2022,50(9):17-20.

［25］李燕,詹鹏杰,平俊爱.浅谈山西省高粱产业发展趋势及对策[J].农业技术与装备,2019,1350(2):47-49.

［26］李国瑜,丛新军,赵娜,等.山东省高粱产业发展现状及未来展望[J].农学学报,2022,12(10):77-81.

［27］赵甘霖,丁祥祥,刘天朋,等.四川省酿酒糯高粱高质量发展对策[J].酿酒科技,2021,1:138-141.

［28］李魁印,李志友,周洪敏,等.习水县高粱种植业发展优势、问题及对策分析[J].耕作与栽培,2022,42(3):151-154.

［29］张燕,韩云,夏徽,等.新疆伊犁地区酿酒高粱产业现状、问题与发展建议[J].中国种业,2023,1:57-60.

［30］韦丽纯,李赟,陈合云,等.浙江省高粱产业分析及其发展路径研究[J].上海农业科技,2023,1:1-3.

［31］赵强,章洁琼,汪灿,等.不同间作模式下糯高粱根际土壤特性及产量变化[J].

南方农业学报,2022,53(8):2122-2132.

[32] 高杰,李青风,彭秋,等.不同养分配比对糯高粱物质生产及氮磷钾利用率的影响[J].作物杂志,2018,4:138-142.

[33] 崔志斌,汤文光,杨家俭,等.洞庭湖区两系杂交糯高粱一种两收高产栽培技术[J].湖南农业科学,2007,2:51-52.

[34] 王恭平,熊飞,袁爱荣.鄂西北山区酿造糯高粱再生栽培技术研究[J].现代农业科技,2019,3(737):8,10.

[35] 黄娟,周瑜,张亚勤,等.减氮增密对杂交糯高粱籽粒产量和干物质生产的影响[J].华北农学报,2022,37(增刊):154-160.

[36] 潘世江,袁亚莉,李杰,等.南方杂交糯高粱及其再生高粱生产技术[J].四川农业科技,2013,8:14-15.

[37] 熊飞.糯高粱"育苗+覆膜"再生高效栽培技术[J].农村百事通,2019,4:39-40.

[38] 高杰,封广才,李晓荣,等.施氮量对酒用糯高粱品种红缨子产量及氮素吸收利用的影响[J].作物杂志,2021,4:118-122.

[39] 刘天明,丁国祥,倪先林,等.施氮量和施氮时期对酿酒糯高粱产量和品质的影响[J].中国农学通报,2017,33(9):22-26.

[40] 李清虎,尹学伟,王秋月,等.蓄留节位对糯高粱再生的影响试验初报[J].南方农业,2019,4:31-32.

[41] 张伟金,唐影,袁海艳,等.浙东再生糯高粱优质高产栽培技术[J].上海农业科技,2020,2:44-45.

[42] 焦明耀.图解五谷杂粮养生宝典[M].北京:中医古籍出版社,2017.

[43] 孙智慧.五谷杂粮养生粥制作大全[M].天津:天津科学技术出版社,2014.

[44] 薄灰.家常养生粥视频版[M].南京:江苏凤凰科学出版社,2020.

[45] 唐永红.图解五谷杂粮最健康[M].北京:华龄出版社,2014.

[46] 车晋滇.中国养生保健素食图典[M].北京:化学工业出版社,2017.

[45] 李莉,刘昌燕,陈宏伟,等.湖北省高粱地方种质资源鉴定和主要农艺性状评价[J].湖北农业科学,2017,56(23):4463-4466,4526.

[46] 吴怀祥,杨茂才,吴伯良,等.神农架及三峡地区高粱种质资源考察与初步研究//神农架及三峡地区作物种质资源考察文集[M].北京:农业出版社,1991:16-18.